Make up Design

메이크업 디자인

양진희 · 박춘심 · 이종란 · 이미희
김광숙 · 주은경 · 우미옥 공저

光文閣
www.kwangmoonkag.co.kr

Make-up Design PREFACE

21세기 들어 메이크업의 표현 기법은 특별한 형식이나 규칙에 얽매이지 않고 시대별 흐름, 문화적 다양성 등의 외부적 환경 요인과 개인의 주관적 트랜드나 감각적 취향 등의 개인적 성향에 따라 독특한 연출 방식으로 표현되었다. 이러한 사조는 여성의 의식 변화와 공동체 참여 및 오프라인 방송미디어의 확대, 온라인 시스템의 급격한 보급이 한 축을 이루고 있다는 사실도 주목할 만하다. 따라서 메이크업(Make-up)이 사회 전 분야에서 차지하는 역할과 비중을 새삼 강조하지 않더라도 파급 효과와 그 중요성이 더욱 확대되고 있는 추세이다.

메이크업(Make-up)은 일련의 이미지 메이킹(image making) 과정의 연속 작업이다. 모델을 통해 전달하고자 하는 객관적인 사실들을 단시간 내에 구체화시키는 동시에 압축화하여 필요한 정보를 수요자에게 전달하는데 그 궁극적인 목적이 있다. 따라서 주어진 짧은 시간 동안은 모델에게 모든 시선이 집중되게 되는데, 특히 모델의 머리컬(hair curl), 눈, 코, 입술 등의 신체 부위와 분장의 색채 및 테크닉, 조명, 의상 등 다양하고 복합적인 기술에 의해 정보의 신뢰성과 가치성, 이용 가능성, 현장의 간접적인 근접도, 메시지 친화도 등을 제공하고 그에 따른 효과를 증폭시키는 중요한 수단으로서 이해할 필요가 있다.

국내에서는 TV 분장이나 특수 분장, 뮤지컬, 연극 분장과 관련된 학술적 입장에서 연구가 조금씩 수행하고 있는 추세이나 OECD국가와 비교해서는 아직 미비한 상태임을 부인할 수 없다. 태초 이래 우리 인간은 아름다움을 위한 끝없는 추구와 새로운 미를 창조하려는 본능적 욕망은 문명의 시작과 함께 비롯되어 왔다. 화장(Make-up)을 하게 된 기원은 문헌이나 학설상에 아직 명확하게 규명된 바는 없으나 인간의 탄생과 불의 역사와 공존하는 문명이었다. 추상적인 색이 바로 메이크업이라는 마술의 도구로 표현되었고, 그것은 곧 역사와 한 개인을 변화시키게 되는 중요한 계기를 마련하게 되었다. 메이크업은 장식적 의미에서 보다 특정 부위를 강조하거나 새로운 이미지 연출을 위한 기능성 화장이 최근에 유행되고 있으며 개인의 독특한 개성 연출과 자연스러운 이미지 연출에 보다 중점을 두고 있다. 메이크업을 알기 위해서는 과거 메이크업의 발생 과정과 성장 변화를 면밀히 살펴보면 그 중심과 본질을 파악할 수 있으리라 본다.

저자들은 메이크업 분야에서 십여 년간 일을 하면서 실무를 바탕으로 한 다양한 테크닉과 검증된 기법을 조금씩 정리하게 되었고, 미흡하나마 현장 경험을 근거로 교육 현장에 기여할 수 있었으면 한다. 아직 많이 부족하고 일천하지만 독자들의 아낌없는 충고와 조언을 통해 수정 보완을 하도록 최선을 다하겠다. 그리고 이 책이 출판되기까지 국내외 여러 서적을 참고로 하였는데, 연락이 닿지 않아 허락을 구하지 못한 저자 분들께 지면으로나마 사의와 양해를 구한다. 끝으로 이 책의 발간에 노고를 아끼지 않고 도움을 주신 광문각출판사 박정태 사장님과 임직원, 그리고 선배제현들의 성원과 격려에 진심으로 감사드린다.

2013년 2월

저자 일동

Make-up Design

CONTENTS

7-2. 시대별 메이크업 · 124

7-3. 패션 이미지 메이크업 · 155

7-4. 웨딩 메이크업 · 170

M·A·K·E·U·P·D·E·S·I·G·N

chapter 1

메이크업의 이해

chapter 1

메이크업의 이해

1-1. 메이크업의 정의

메이크업(Make-up)의 사전적인 의미는 '보완하다', '완성시키다' 라는 뜻으로 결점을 커버하고 장점을 더욱더 아름답게 보이도록 꾸미고 매만지는 행위를 뜻한다. 우리말로는 화장(化粧)을 의미하며 '분, 연지 등을 바르고 매만져 얼굴을 곱게 꾸밈' 또는 '머리나 옷의 매무시를 매만져 맵시를 냄' 으로 정의되고 있다. 이밖에도 영어의 페인팅(Painting), 프랑스어의 마뀌아쥬(Maquillage), 토일렛(Toilet) 등으로도 불린다. 마뀌아쥬(Maquillage)는 원래 분장을 뜻하는 연극 용어이며, 토일렛(Toilet)은 뜨왈렛트(Toilette)가 1510년경 영국에 전해지면서 변한 말로서, 화장을 포함한 치장 전반을 가리킨다.

메이크업(Make-up)이란 단어가 최초로 사용된 것은 16세기 셰익스피어의 희곡 중 페인팅(Painting)이라는 용어의 등장으로부터 시작되었다. 16~17세기에는 연백을 원료로 만든 분을 페인트(Paint)라 불렀으며 이후에 백납 분에 색상과 향료를 섞어 다채로운 안료로 얼굴에 색칠하는 행위를 페인팅이라 하였다.

17세기 초 영국의 시인 리처드 크러쉬(Richard Crashou)는 '메이크업이란 여성의 매력을 높여주는 행위'라 하여 최초로 메이크업이란 용어를 사용하였다. 그 후 20세기 헐리우드 전성기에 맥스팩터(Max Factor)라는 분장사에 의해 메이크업이라는 용어가 일반인들에게까지 대중화되어 오늘날까지 화장의 의미로 넓게 사용되고 있다.

현대에 이르러서 메이크업의 의미는 단순히 얼굴 위주의 화장 개념에서 벗어나 자신의 개성을 표현하는 수단으로써 사용되고 있으며 눈, 코, 입의 형태뿐만 아니라 새로운 시점에서 내적 정신과 외적 감각까지도 재창조해내는 전문분야로서 자리매김하고 있다.

① 담장 : 피부를 희고 깨끗하게 가다듬는 기초화장
② 농장 : 색채화장의 정도
③ 염장 : 짙은 색채화장 (기생의 분대화장)
④ 응장 : 신부화장, 혼례 때의 의례차림을 의미

1-2. 메이크업의 기원

예부터 우리 인간에게는 자신의 몸을 가꾸고 외부에 돋보이려는 본능적인 욕구를 가져 왔다. 그것이 일종의 몸치장의 한 수단으로써 메이크업(Make-up)의 기원이 되었다.

상대의 표적으로부터 자신과 종족을 보호하기 위한 위장의 수단이기도 하였으며, 또한 곤충과 동물의 위협으로부터 신체관리와 건강을 지키기 위한 적극적인 치장의 일부분이기도 하였다. 이와 같이 메이크업은 신체를 가꾸기 위한 수단과 미를 본능적으로 추구하기 위한 방법의 일환으로 역사와 함께 계승 발전해 왔다.

메이크업의 원래 목적은 신체에 짐승의 기름을 발라 추위를 견디기 위해서였으며 좀더 나아가서는 신분을 표시하기 위한 목적과 종교적인 의식 행사에 이용되었다. 또 사나운 동물이나 자연으로부터의 보호를 위해 인간의 신체에 동물이나 식물에서 채취한 색료를 사용하였다. 고대 이집트에서 유래되었던 아이라인이나 아이섀도는 사막의 먼지와 독충, 그리고 안질로부터 눈을 보호하기 위한 실용적인 목적으로부터 시작되었다.

메이크업을 하게 된 원인과 이유로는 학문적으로 여러 학설이 존재하며, 그나름대로 시대적 배경과 필요성에 따라 각각 다르게 해석되어 왔다.

메이크업의 기원설은 대표적으로 보호설, 신분 표시설, 장식설, 종교설 등이 있다.

1) 보호설

보호설이란 인간이 자기 자신을 어떤 위험으로부터 보호, 위장하기 위한 치장이 미화 수단으로 발전했다는 학설이다. 원시인들은 자신의 몸에 새의 깃털이나 짐승의 뿔, 혹은 식물의 색소 등을 이용하여 얼굴이나 신체에 발라 자연 환경에 맞게 적절히 위장함으로써 전투에서 적을 위협하는 수단이나 자신을 은폐하는 수단으로써 메이크업을 시작하였다. 실제로 원시시대 사람들은 몸에 상처를 내거나 문신을 하여 적을 공포감에 몰아넣기 위한 행위로서 메이크업을 행하였다. 그 밖의 예로서 고대 이집트인들은 태양 빛과 곤충들로부터 눈을 보호하기 위해 눈 주위에 푸른색으로 짙게 감싸듯이 그려 주기도 하였다. 또 다른 예로서 1800년대의 여성들이 몸에 백납 분을 바른 것은 가스등이나 촛불의 그을음으로부터 피부의 노화를 방지하며 자외선으로부터 피부를 보호하기 위한 것이었다.

2) 신분 표시설

종족이나 개인의 신분, 부족의 우월성을 알리기 위한 표시적인 수단이 메이크업으로 발전했다는 학설이다. 나이, 신분, 계급, 종족, 성별을 구분하기 위한 목적으로 계층별, 연령별, 부족별로 화장을 각각 다르게 표현했다는 견해이다.

역사의 초기 지배자들은 그들 나름대로의 아름다움과 위엄을 갖추거나 여러 의식이나 행사에서 민중과의 구별을 위하여 대부분 요란한 치장을 하였다.

아프리카의 추장들 역시 자신의 위엄을 드러내기 위하여 식물에서 채취한 붉은 색의 색소를 이용하여 얼굴이나 신체를 장식하였다. 민족간에 행하여지는 특이한 헤어스타일, 귀걸이, 코걸이, 팔찌 등은 미를 나타내기보다는 계급이나 신분, 부족을 나타내기 위해 착용했다는 주장이 신분 표시설이다.

3) 장식설

원시시대 인간들은 옷을 입기 전에 나체 상태에서 피부에 그림을 그려 넣거나 조각, 문신, 회화를 새겼는데, 이것을 메이크업의 시초로 보는 설이다. 전쟁으로부터 생존한 무사가 부족에게로 귀환했을 때 자신의 신체에 남아있는 상처와 혈흔의 일부가 존경의 대상이 되고 용맹의 상징이기도 하였다. 그 이후 자연스럽게 신체 일부분을 장식하거나 표시하려는 욕망이 원시의 지도자들로부터 시작되었다. 다양한 색채의 진흙이나 식물의 색료를 사용하여 얼굴, 머리 등 전신에 바르기 시작하였고 이러한 행위가 발전되어 메이크업으로 이어졌다는 학설이다.

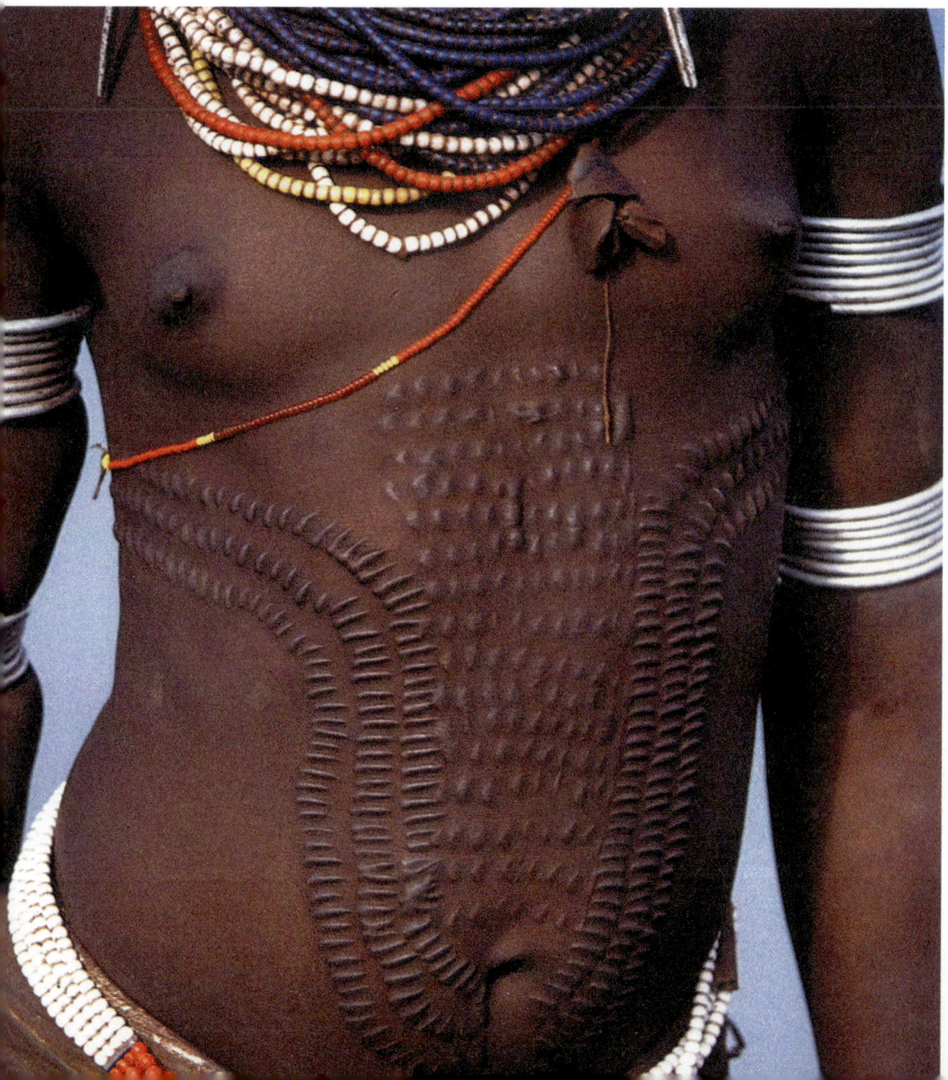

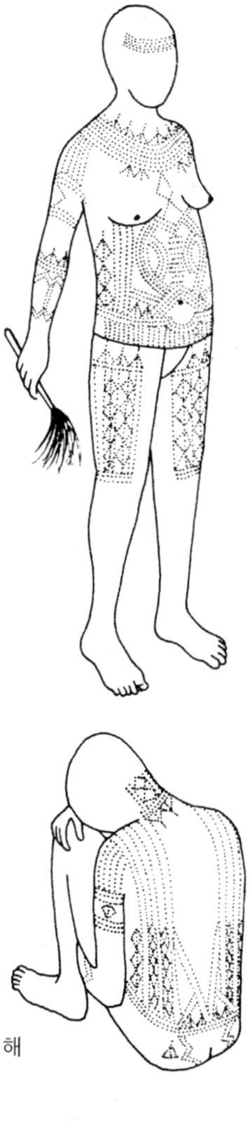

4) 종교설

초자연과의 융합을 위한 주술적, 종교적 행위로서 색상을 부여하거나 향을 이용하여 병이나 재액을 물리치고 복을 비는 행위로부터 메이크업이 시작되었다고 보는 학설이다.

그 한 예로, 독수리나 사자 같은 동물의 문양을 신체에 그려 넣음으로써 인간이 가지지 못한 동물의 힘을 담고자 하였다. 아프리카 나제르의 후라니족 여인들은 악령과 병으로부터 보호받기 위해 얼굴에 칠을 하였으며, 약초와 신성한 강물이 혼합된 흰 진흙을 그들의 눈에 칠했다. 이러한 화장을 통해 그들은 영적인 세계를 볼 수 있다고 생각하였다.

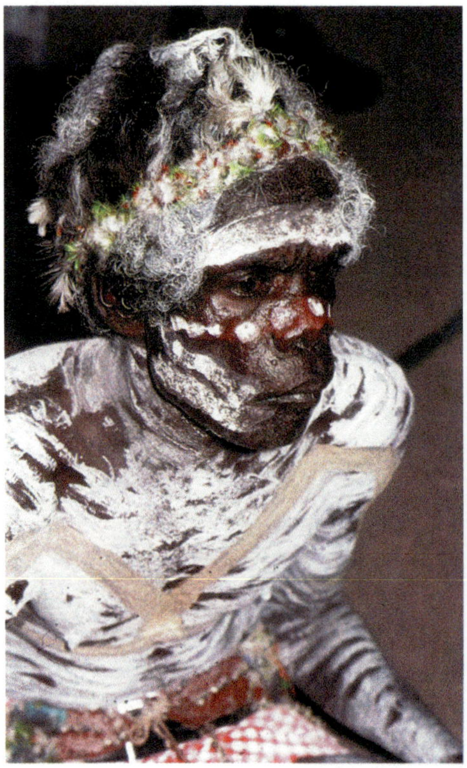

M·A·K·E·U·P·D·E·S·I·G·N

chapter 2

메이크업의 역사

chapter 2
메이크업의 역사

2-1. 한국 화장사

한국의 조상들은 선사시대부터 화장을 하였다고 추정된다. 구석기시대에는 주로 채집과 사냥을 했던 관계로 동물의 가죽이나 식물의 줄기 등을 이용하여 장신구로 치장하였다. 신석기시대에는 식량을 수렵하기보다는 기르고 재배하는 목축의 시대로 변화해 가면서 돌을 갈아서 기구를 만들었으며 석경, 뼈, 바늘 등이 출토되는 것으로 보아 의복이나 그물을 만들어 썼음을 알 수 있다.

청동기시대에는 생산경제가 더욱 발달하고 사유재산 제도나 계급이 나타났다. 고인돌이나 돌무덤에서 거울 등의 청동제품이 나오는 것으로 보아 여성들이 외모에 관심이 많았으며 화장을 했으리라 추측된다.

부족국가시대의 읍루(挹婁)와 말갈(靺鞨)인들은 피부관리를 중요시했다. 읍루(挹婁)인들은 가공된 돼지기름을 피부의 노출 부위에 발라 추위를 이겨내는데 사용하였다.

《후한서》에 의하면 돼지기름은 피부를 부드럽게 하며 동상을 예방하는데 효과가 있다고 기록되어 있다. 이러한 기록들은 이미 고대부터 피부보호 수단이 강구되고 있었음을 말해주는 것이라 하겠다. 뿐만 아니라 말갈인들은 피부를 희게 가꾸기 위하여 미백효과가 큰 소변으로 세수를 하였다는 기록이 전해지고 있다.

단군신화에 의하면 곰과 호랑이에게 백일 동안 햇빛을 보지 못하도록 하고 쑥과 마늘만 먹으며 굴속에서 칩거하도록 했다. 이것은 정신을 맑게 수양하고 백색피부로 가꾸기 위해 행하였던 것으로 추측된다. 이처럼 우리 민족은 백색피부를 선호하였는데, 쑥과 마늘의 효능을 통해서도 알 수 있다. 쑥은 예부터 피부를 위한 민간요법으로 쓰였던 식물인데, 목욕할 때 달여서 사용하였으며 미백효과와 잡티제거, 피부병의 예방효과가 있다. 마늘은 찧어서 꿀과 혼합하여 사용하였는데, 이는 혈액순환을 돕고 미백효과를 내며 벌레에 물린 곳에 문질러 바르면 살균효과를 낸다. 또한 기미, 주근깨 등을 제거하는데 사용되기도 하였다.

고대인들은 이와 같이 주변의 환경과 친숙해지면서 자연을 이용할 줄 아는 지혜를 가지고 있었음을 알 수 있다.

1) 삼국시대

삼국시대는 중국과의 교역이 활발한 시기였다. 그중 고구려는 중국과 가장 가까이 위치하고 있었으므로 화장문화 또한 중국의 영향을 많이 받았다. 수산리 고분벽화에 나타난 고구려의 귀부인상을 보면 볼과 입술이 연지로 단장되어 있으며 눈썹 모양은 가늘면서 약간 둥근 형태를 하고 있다. 고구려인들의 눈썹화장은 넓게 곡선형으로 다듬는 방법과 가늘고 선명하게 다

수산리고분의 귀부인도

듬는 방법의 두 가지 방법이 행해졌으며, 가늘고 요염하게 다듬는 방법은 기생들이 행했던 방법이었다. 또한 《후한서》의 기록을 보면 평상시와 나들이, 의례 시의 치레가 달랐으며 계급과 신분에 따라 꾸밈을 달리했음을 알 수 있다.

백제는 고구려나 신라에 비해 화장품이나 화장술에 대해서 구체적인 내용을 밝힌 기록이 거의 없다. 다만 중국 문헌을 통해서 짐작할 수 있을 뿐이다. 백제인들은 분은 바르되 연지를 바르지 않았다고 기록되어 있으며, 고구려에 비해 백제인들은 엷고 은은한 화장을 즐겼다고 전해지고 있다.

신라시대는 영육일치사상(靈肉一致思想)으로 인하여 몸을 청결히 하고 아름답게 꾸미는 풍조가 성행하였다. 목욕재계로 몸을 청결히 하고자 하였으며 팥, 녹두, 잿물 등으로 만든 비누와 세제 역할을 했던 조두를 사용하기도 하였다. 남자들은 목걸이, 귀걸이 같은 장신구로 치장을 하였고 화장까지 하였다. 이러한 현상으로 인해 화장술과 화장품이 발전하게 되었다. 신라인들은 미묵이라는 화장품을 제조하여 눈썹을 그렸는데, 남자들은 진한 팔자 눈썹 모양을 그렸으며 여자들은 눈썹이 많은 경우에는 족집게로 뽑거나 가다듬은 다음 화황을 발라 부드러우면서도 엷은 색을 표현하였다.

미묵은 단단한 굴참나무, 너도밤나무의 재와 유연을 섞어서 만들어 사용하였으며 색조화장으로 쓰여진 연지는 홍화, 연꽃으로 만든 붉은 염료로서 볼이나 입술화장에 사용되었다.

조선 불화에 보이는 쌍환계
삼국시대

2) 통일신라시대

통일신라시대에는 중국과의 교역이 활발하였는데, 중국 여인들의 짙고 화려한 화장의 영향을 받아 통일 이전의 엷은 화장에 비해 다소 화려해졌다.

높은 머리를 장식한 여인(송)
통일신라시대

백분에 붉은색을 염색한 색분을 사용하였으며 7세기에는 연분을 만들어 세계 화장사에 기록을 남기기도 하였다. 경주시 황성동에서 출토된 토용의 모습을 보면 살찌고 둥근 얼굴형에 작은 코와 가는 눈이 인상적인데, 이러한 미인상 역시 중국의 영향을 받은 것으로 보여진다.

3) 고려시대

고려의 화장문화는 신라의 화장 풍습이 그대로 전승되어 발전되었으며 탐미주의 색채가 더욱 짙어졌다. 고려 여인들은 분을 많이 사용하였는데 분은 곡식의 분말과 분꽃, 백토 등 자연재료의 대중적인 백분과 납성분의 납분을 사용하였다. 백분은 청자 분합에 저장하였으며 귀했던 납분은 주로 작은 크기의 백자 분합에 저장되었다.

연지화장은 통일신라에 비하여 그리 크게 유행되지는 않았다. 연지는 연지합에 저장하였으며 고체 상태의 연지를 사용하기 위해서는 기름에 개어야 했으므로 반죽그릇과 기름병이 필요했다.

눈썹화장은 곡선형의 가늘고 선명하게 강조된 요염한 스타일로서 주로 기생들에 의해 행해졌다. 기생들은 교방에서 가르친 방법대로만 화장하도록 하였으며 이를 분대(粉黛)화장법이라 하여 여염집 화장의 엷은 비분대화장과는 구분을 두었다.

분대화장은 얼굴이 창백해 보일 만큼 하얗게 바르고 눈썹을 가늘게 가다듬어 또렷하게 그렸으며 머릿기름은

귀부녀복(하연부연상, 조반부인상)

세티1세와 히토르의 부조

동물성 기름과 섞어서 코울(Kohl)이라는 액체를 만들어 눈 화장에 사용하였다. 이집트인들은 눈의 보호를 대단히 중히 여겨 검은 화장으로 눈을 크게 강조하였으며 곤충과 강렬한 태양광선으로부터 눈을 보호하기도 하였다. 검은 미묵을 칠한 눈은 물고기 형태로 늘려서 그렸으며 눈꺼풀에는 녹청색의 강한 색조를 사용하였다. 눈썹은 검은색으로 길게 그렸으며 고운 가루의 붉은 진흙과 양의 기름을 반죽하여 입술과 볼에 사용하였다.

식물성 염료인 헤나로 손바닥이나 발바닥에 연한 장미 빛으로 물을 들이기도 하였다. 이밖에도 식물기름과 라임, 향수를 섞어 크린싱 크림을 만들었고 톱밥과 향유를 섞어서 몸에 발라 피부를 가꾸었다.

이집트인들은 성별과 계층별로 화장을 구분하였고 여자들은 희게, 남자들은 갈색피부로 가꾸었으며 평민들의 몸단장은 제한되었다. 이집트의 화장술은 마지막 여왕 크레오파트라에 의해 절정을 이루었다. 이는 다양한 화장품 제조를 가능하게 하였고, 이 시기에 개발되었던 화장품 원료의 많은 부분이 현대에 이르러서도 지속적으로 연구되어 쓰여지고 있다.

2) 그리스 · 로마시대

그리스시대에는 이집트인들의 화려한 색조화장에 비해 전체의 균형미와 조화미를 중시하였으며 과학적인 원리에 기초를 두었다. 그리스인들은 인위적인 몸단장보다는 전체의 균형에서 비롯되는 조화를 중시하여 화려한 색보다 조화로운 비율로 인체의 아름다움을 표현했다. 대부분의 여성들은 남편을 위한 약간의 밤 화장 이외에는

그리스시대의 화장

화려한 화장을 하고 외출을 하지 않았으며 자신의 자연스러운 모습을 보여주는 것이 가장 아름다운 것이라 여겨 메이크업보다 헤어스타일에 많은 변화를 주었다. 얼굴은 백납으로 하얗게 바르고 볼과 입술에는 단사를 발랐으며 종교의식을 위해 목욕을 즐겼다.

그리스 여인상

로마시대는 자유로운 토론문화와 목욕문화로 인해 공중목욕탕이 번성하였다. 남자들은 목욕과 마사지, 향유 등을 즐겼으며 여성들은 하얀 피부를 선망하여 백분을 하얗게 발라 연약한 모습을 연출하였다. 그리고 진한 눈화장을 하였는데 식물이나 꽃, 황토로 만든 흙가루를 기름에 섞어 사용하였다.

로마의 전성시대에는 많은 시간과 인력을 투자하여 신체의 모든 부분을 과도하게 꾸몄다. 눈은 안티몬이나 샤프란으로 검게 화장하고 볼은 아르칸나나 연단으로 붉게 칠했으며 머리카락은 금발로 염색하였다. 또한 구취제거를 위해 파슬리를 사용하였으며 여드름과 사마귀는 애교 점으로 가렸다. 이처럼 화장이란 물질적 풍요와 여유의 표현이었고 신체적 노화를 감추기 위한 분장의 수준이었다. 남자도 여자와 같이 화장을 하였으며 사랑에 빠진 남성들은 창백하고 수척해 보여야 했다.

로마시대 말기에는 왕족을 비롯하여 많은 대중들이 남녀를 불문하고 사치와 호사스러움을 즐겼다. 남자들은 사우나 목욕과 마사지, 향유 등을 즐겼으며 얼굴에 난 털을 밀어내는 것이 하나의 사회현상으로 유행하였는데 이것은 현대식 면도의 시초가 되었다.

헤르클라네움의 "화장하는 부인"

2-2-3. 근세

1) 르네상스시대(16세기)

르네상스시대를 맞이하여 그 동안 제한되었던 화장문화가 이탈리아 여성을 중심으로 점차 발전하기 시작하여 화장을 안 한 상태로 외출하는 것이 이상하게 여겨질 정도로 화장은 사교를 위한 필수조건이 되었다. 그 당시의 미의 전형은 피부는 창백하고 투명하며 눈썹은 뽑아 없애는 것이었다. 흠없는 창백한 얼굴에 뺨과 입술에만 가볍게 색조화장을 했다.

영국의 엘리자베스 여왕은 화장품을 사용하여 흰 가면을 쓴 것처럼 창백하게 피부를 표현하고 머리는 붉게 물들였다. 신체의 노출된 부분은 하얗게 백납분을 바르고 머리는 염색과 수많은 가발을 번갈아가며 사용하였다. 이러한 과도한 화장은 주름살을 감추고 늙지 않고 항상 같은 나이에 머무르고 싶어하는 부유층과 귀족층의 소망을 반영한 것이기도 했다.

이사벨라 크라라 유제니아 왕비

프랑스의 루이 15세의 정부였던 퐁파두르(Pompadour)는

화려한 화장법으로 유명하였다. 중국에서 수입한 쌀가루 분을 뿌렸던 것이 유행이 되어 온 집안에 쌀가루가 날리는 것을 방지하기 위해 독립된 방을 만들어서 파우더 룸이라 불렀는데, 이때부터 파우더 룸은 화장하는 방을 뜻하게 되었다.

2) 바로크시대(17세기)

중세의 아름다움의 상징이었던 창백하고 가냘픈 몸매는 사라지고 바로크시대에는 짙은 눈썹과 터질 듯한 가슴, 통통한 손가락 등 풍만하고 성숙한 여인상이 미의 기준으로 자리잡았다.

티치아노의 〈화장하는 여인의 초상〉을 보면 선명한 눈썹화장과 깊은 눈화장, 풍요로운 금발이 강조되었으며 가슴의 윗부분을 선정적으로 드러내고 있는 관능적인 바로크시대의 대표적인 미인상을 보여주고 있다.

17세기 후반에는 주근깨와 여드름을 감추기 위해 초승달 모양을 한 애교 점이 인기를 끌었는데 이를 팻치(Patch)라 하였다. 애교 점은 그 위치에 따라 눈 주위에는 '뇌쇄적'을 의미하였고, 입술 주위에는 '장난기 있음', 볼 위는 '친절' 등의 의미로 표현되었다.

티치아노 〈화장하는여인의 초상〉

팻치

3) 로코코시대(18세기)

로코코시대에는 의상뿐만 아니라 화장 양식에도 실용성과 청결 관념보다는 예술성에 우위를 두었다. 지나치고 과도한 화장은 남녀 귀족 모두에게 유행하여 남성도 백납분을 하얗게 바르고 볼과 입술에 루즈를 발랐다.

18세기에 사용된 연지의 붉은빛은 진홍색, 장미색, 주홍색에 이르기까지 다양한 색을 사용하였다. 관자놀이에는 갈색, 입술 주위에는 밝은 색조를 칠하고 광대뼈와 눈 가까이에 원형으로 연지를 붉게 발랐다. 이렇게 과다한 연지의 사용은 얼굴 혈색을 감추기 위한 가면의 역할을 담당하였다. 또한 별 모양이나 십자가 모양의 팻치를 붙이는 것도 꾸준히 유행하였다.

앙리에트 공주

에귀랑데 부인

2-2-4. 근대(19세기)

19세기 초기에 들어오면서 프랑스 혁명과 자연주의 사상이 대두되면서 인위적이고 과도한 화장품의 사용을 자제하려는 분위기가 확산되면서 자연스러운 화장법이 주조를 이루었다. 빅토리아 여왕시대에는 메이크업을 하지 않는 모습에 입술이나 볼에 연한 색을 바르는것을 선호하였다. 피부표현 또한 르네상스시대와는 비교될 정도로 자연스러운 피부색이 유행하였다. 눈은 길고 가늘게 아이라인을 그렸으며 입술은 주황색이나 빨강색 같은 정열적인 색을 사용하였다.

19세기 중반에는 화학과 제조기술의 발달로 화장품의 성분

근대(로맨틱시대 1846)

과 제조술이 개선되

근대(엠파이어시대 1811)

면서 부흥기를 맞이하게 되었다. 왕족이나 귀족들의 전유물이었던 크림이나 로션 등의 화장품도 일반인들에게 널리 보급되었으며 제품도 다양해졌다.

1828년 프랑스에서는 겔랑(Guerlain)이, 1852년 영국에서는 베샹(Beeccham)이 1886년에는 미국의 해리엇 험버드(Harriet Hubbard)가 현대적 의미의 화장품을 제조하게 되었다.

근대(버슬시대 1870)

시기	화장의 흐름
1890	· 사진기 발명 · 잡지의 대량 보급 가능
1차대전 이후	· 토탈 패션의 개념 등장 · 메이크업이 대중에게 자연스럽게 수용 · 제품의 대량 생산 가능 · 할리우드 스타들에 대한 동경으로 인한 유행문화 발전
1915	· 립스틱, 아이브로우 펜슬 판매
1923	· 속눈썹, 콤팩트 개발
1927	· 코티분, 샤넬 NO.5 향수 개발
1928	· 크린징 티슈, 크리넥스 개발
1930~1940	· 할리우드 영화의 전성기, 배우들의 화장법 패션 유행
1950	· 텔레비전 확산 · 대중매체의 다양화로 인한 대중문화의 활성 · 청년문화의 발전, 다양한 대중층의 출현 · 잡지의 영향력 증가 / 영화 스타의 영향력 감소
1960	· 소비문화로 인한 광고의 중요성 대두 · 유행의 주체가 다양화됨 패션모델, 공고모델, 대중가수 등

서양화장의 흐름

M·A·K·E·U·P·D·E·S·I·G·N

chapter 3

메이크업의 구성요소

chapter 3

메이크업의 구성요소

3-1. 색상

색은 메이크업 디자인에 있어서 가장 자극적인 요소이다. 시각적으로 가장 먼저 인식되어 지며 색에 대한 감정이 오래도록 지속되는 복잡하고 창조적인 기능을 가지고 있다.

메이크업을 실행함에 있어 색에 대한 선택은 매우 중요하다. 따라서 색이 가지고 있는 감정을 이용하기 위해서는 색에 대한 폭넓은 이해가 필요하다.

팽창색이나 수축색, 진출색이나 후퇴색, 그리고 원근(음영)색 등의 색채심리를 잘 파악하여 메이크업에 응용하면 표현하고자 하는 이미지를 효과적으로 연출할 수 있다.

메이크업을 한 얼굴에는 이미지가 있고 메시지가 들어있다. 메시지가 없는 메이크업은 결국 그 사람의 개성을 아름답게 빛나게 할 수 없다. 그러한 의미에서 색채는 메이크업과 불가결한 관계라고 할 수 있다.

1) 메이크업과 색채의 심리효과

연령에 따라 선호하는 색상과 선택의 범위가 다르다. 어린이들은 옅고 자극이 적은 파스텔 색조가 바람직하며, 10대는 젊고 발랄한 느낌의 색이 잘 어울리므로 고명도, 고채도의 색이 좋다. 20~30대는 성숙하며 아름다운 느낌의 색으로 세련미를 주는 색을 선호한다. 그러나 때로는 순색에 가까운 화려한 색을 이용하기도 한다. 나이 든 사람들은 선명한 색을 피하는 경향이 많아 점잖은 느낌을 주는 색채들을 선택한다.

일반적으로 난색은 행복하고 자유롭고 발랄하게 보이며, 한색은 차분하고 경험이 풍부하며 성숙하게 보인다.

명색조는 순수하며 젊고 천진난만하게 보이며, 암색조는 나이가 들고 원숙하게 보인다.

선명한 채도는 젊고 발랄하게 보이며 탁한 채도와 무채색은 성숙하고 세련되며 차분한 느낌을 준다.

(1) 따뜻함과 차가움

온도감이 미치는 효과는 색에 있어서 가장 기본적인 요소라 할 수 있다. 일반적으로 적색계열의 색은 따뜻하고 청색계열의 색은 차갑게 느껴진다. 따뜻해 보이는 색을 난색이라 하는데, 적극적이고 활동감이 있어 보인다. 반대로 차가워 보이는 색을 한색이라 하며 진정작용을 하는 효과가 있다.

따뜻한 느낌의 색

색채의 온도감은 사람의 성격과도 관련이 있다. 난색계통을 좋아하는 사람은 외향적이며 새로운 것을 쉽게 받아들이고 적응력이 강한 반면, 한색계통을 좋아하는 사람은 자기 표현에 소극적인 경향이 많다.

차가운 느낌의 색

메이크업에 있어서 한색계열의 아이섀도를 사용했을 경우 눈이 커 보이는 효과가 있으며 난색계열은 부드러우며 여성적으로 보인다.

(2) 진출색과 후퇴색

진출색 후퇴색

색은 앞으로 튀어나와 보이는 색과 뒤로 물러나 들어가 보이는 색이 있는데, 이를 진출색과 후퇴색이라 한다. 난색계는 진출되어 보이고 한색계는 후퇴되어 보인다. 또한 명도가 높은 색은 튀어나와 보이는 성질이 있으며 어두운 명도의 색은 후퇴되어 보인다.

색의 이러한 운동감을 이용하여 메이크업에 응용하면 얼굴의 입체감과 거리감을 잘 살릴 수 있다. 예를 들면 코가 낮은 경우, 콧등에 밝은 색의 파운데이션을 사용하면 낮은 코를 커버할 수 있으며 튀어나와 보이는 눈에는 어두운 색상의 아이섀도를 사용하여 들어가 보이는 효과를 줄 수 있다.

(3) 단단함과 부드러움

색에는 경도가 있다. 시각적 경험에 의해 딱딱하게 느껴지는 색과 부드럽게 느껴지는 색이 있다. 이를 색의 경연감이라 하는데 경연감은 명도와 채도의 영향을 많이 받는다. 난색계열의 낮은 채도에 색은 부드러운 느낌을 주고 한색계열의 높은 채도의 색은 딱딱한 느낌을 준다. 일반적으로 흰색이 많이 섞인 색은 부드러운 느낌이 난다.

단단한 느낌의 색

부드러운 느낌의 색

(4) 가벼움과 무거움

명도가 높은 색은 가벼운 느낌을, 명도가 낮은 색은 무거운 느낌을 준다. 색의 중량감은 안락감과도 관계가 있으며, 가벼운 색이 훨씬 편안하고 부드러운 느낌을 준다. 대체로 가벼운 색이 위에 놓이고 무거운 색이 아래에 있는 것이 안정감이 있다. 반대로 배열하면 불안정해 보이지만 동적이고 강한 느낌을 준다.

색의 가벼움

색의 무거움

(5) 화려함과 소박함

고채도의 색이 저채도의 색보다 화려해 보인다. 순색의 이미지는 명쾌하고 자기 주장이 강한 색이다. 혼색된 색의 배경 속에 순색을 배열하면 눈에 띄는 것은 그러한 이유이다.

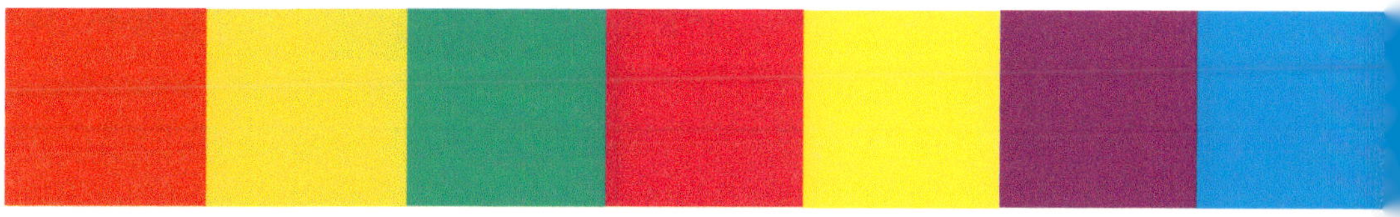

화려함

소박함

혼색은 색 수가 증가하면 증가할수록 소박해 보이며 부드러운 느낌이 든다. 반면 화려한 색은 동적이며 강한 이미지를 강조할 수 있다.

메이크업을 할 때 색상이 가장 눈에 띄는 곳은 립 화장이다. 립 색상을 어떠한 색으로 선택했는지의 여부에 따라 메이크업의 이미지가 좌우된다. 립 색상을 선택할 때 선명한 레드계열이나 짙은 보라색의 립스틱은 화려하고 개성적으로 보이는 반면 옅은 핑크계열이나 브라운계열은 소박하고 자연스러운 이미지를 연출한다.

(4) 펄 질감(Lridescent)

펄 파우더나 펄을 함유한 파운데이션, 섀도 등의 제품을 이용하여 피부에 광택을 주어 화려하고 개성 있는 메이크업을 표현할 수 있다.

3-4. 메이크업과 조명

메이크업은 빛이나 조명에 의해 색이나 형태를 표현할 수 있으며 조명을 고려하여 메이크업의 색상이나 표현을 달리하여야 한다. 조명은 인공조명과 자연조명으로 나뉜다.

(1) 자연조명

자연광선은 본래의 색상을 충분히 나타내 주며 사실 그대로 노출되기 때문에 정교하고 자연스러운 메이크업이 필요하다. 그러나 계절에 따라 비치는 태양광선의 강도 차이에 의해 색상이 다르게 보이므로 주의하여야 한다.

(2) 인공조명

인공조명은 색상을 다양하게 변화시킨다. 태양광선이 없는 야간에는 30% 정도의 색이 조명에 흡수되므로 그만큼 메이크업을 강하게 표현하여야 한다. 메이크업을 효과적으로 연출하기 위해서는 인공조명이 메이크업에 미치는 영향을 사전에 이해하고 고려해야 한다.

① 백열등

차가운 톤을 경감시키고 따뜻한 톤을 더욱 강하게 만든다. 붉은색, 갈색, 베이지색, 핑크색 등은 백열등 아래서 실제의 색보다 진하게 나타난다.

② 형광등

파운데이션 사용 시 황색계열이나 베이지색은 진하게 표현되므로 가능한 피해야 한다. 또한 푸른색은 보랏빛으로 변해 보이므로 반드시 주의가 필요하며 핑크색은 다양하게 변화되어 나타난다. 회색 아이섀도는 진하게 나타나는 반면 다른 색은 형광등 아래서는 연하게 나타나므로 이를 사전에 체크한 후 메이크업을 해야 한다.

M·A·K·E·U·P·D·E·S·I·G·N

chapter 4

얼굴의 균형도(Face Proportion)

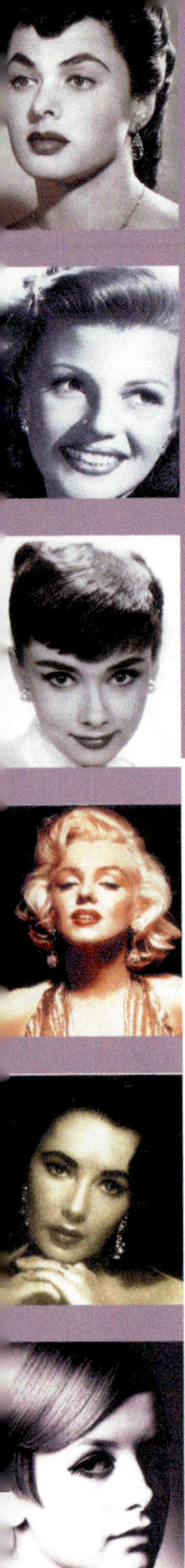

chapter 4

얼굴의 균형도(Face Proportion)

4-1. 얼굴 각 부위의 명칭

① 헤어라인

귀의 위에서부터 이마에 걸친 얼굴 윤곽선을 뜻한다. 파운데이션을 바를 때 경계가 생기지 않도록 주의해야 한다.

② T존

이마에서 콧대에 걸친 T자 모양의 범위를 가리킨다. 피지 분비가 활발한 부분이므로 메이크업 후 자주 수정해야 한다. 하이라이트를 주어 밝게 표현한다.

③ 눈썹 머리

눈썹의 안쪽 부분

눈 머리와 동일 선상에 오는 것이 기본 위치이며 눈의 표정을 결정하는 중요한 포인트다. 눈썹을 다듬을 때에는 머리 부분은 되도록 건드리지 않는 것이 좋다.

④ 눈썹 산

눈썹의 가장 높은 위치로서 얼굴의 입체감을 좌우하는 곳이다. 검은 눈동자 바깥쪽의 연장선을 기준으로 정한다. 이곳의 각도나 그리는 방법에 따라 얼굴의 표정이 바뀐다.

⑤ 눈썹 꼬리

콧방울과 눈꼬리를 연결한 연장선상에 위치하는 것이 가장 이상적이다. 꼬리 끝 부분은 가늘게 흐르도록 그린다.

⑥ 아이홀

눈두덩이의 움푹 패인 부분.

눈두덩이 부은 듯한 사람도 만져 보면 움푹 들어간 부분을 알 수 있다. 이곳은 아이섀도를 펴 바르는 기준이 된다.

⑦ 코 벽

콧대의 양 옆면을 일컫는다. 눈썹 머리부터 코 벽을 따라 섀딩를 주면 콧대가 서 보여 입체적으로 보인다.

⑧ 광대뼈

양 볼에서 가장 높게 튀어나와 있는 반달형 부분을 가르킨다.

광대 뼈를 중심으로 블러셔를 어떤 각도로 펴 바르는가에 따라 인상이 달라 보인다.

⑨ V존

눈뼈와 눈밑, 턱 중앙을 잇는 V자 모양의 부위

다른 부위보다 건조해서 파운데이션을 두껍게 바르면 들뜨기 쉽다.

⑩ 입술 윤곽 (입술선)

상하 입술의 윤곽을 가리킨다.

⑪ 구각 (입 꼬리)

윗입술과 아랫입술이 만나는 양 끝 부분을 뜻한다.

⑫ S존

귓불 밑에서 아래턱 뼈에 이르는 S자 모양의 부위

새딩을 주어 얼굴 윤곽을 수정할 수 있다.

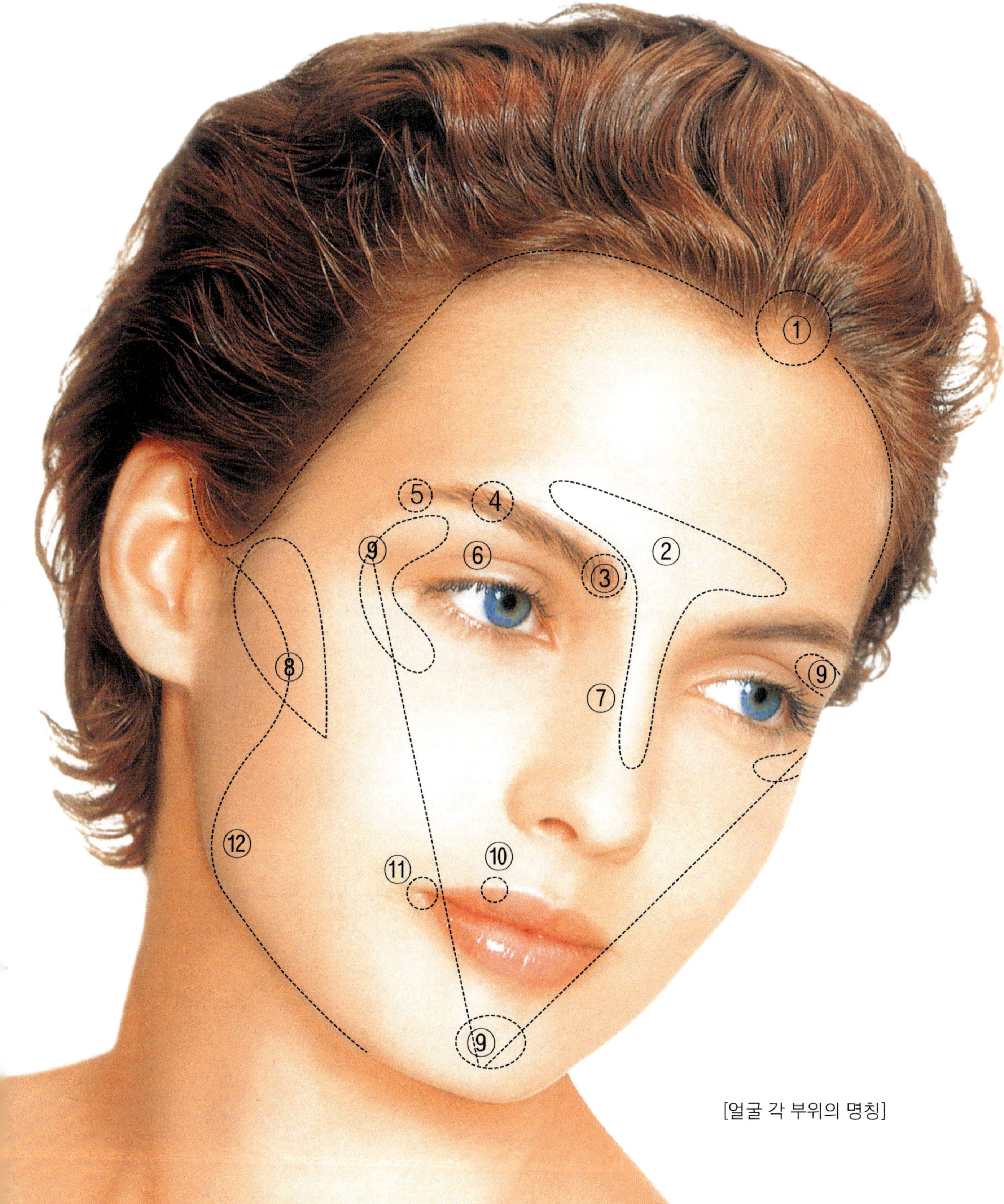

[얼굴 각 부위의 명칭]

4-2. 이상적인 균형도 (Face Proportion)

얼굴에서 각 부분이 차지하는 이상적인 비율을 그림으로 표현해 놓은 것을 얼굴의 균형도(Face Proportion)라 한다.

(1) 가로 분할 3등분(얼굴의 길이)

① 1등분 : 헤어라인~눈썹

② 2등분 : 눈썹~코끝

③ 3등분 : 코끝~ 턱

2) 세로 분할 5 등분(얼굴의 넓이)

① 1등분 : 옆 헤어라인~눈꼬리

② 2등분 : 눈꼬리~눈 앞머리

③ 3등분 : 눈 앞머리~반대 눈 앞머리

④ 4등분 : 반대 눈 앞머리~눈꼬리

⑤ 5등분 : 눈꼬리~옆 헤어라인

☞ 얼굴 부위별 이상적인 위치

명칭	위치
눈썹	이미에서 1/3되는 지점
눈의 폭(넓이)	얼굴 폭의 1/5 간격
눈과 눈 사이(미간)	얼굴 폭의 1/5 간격
눈썹머리	콧방울에서 일직선(시작점)
눈썹꼬리	콧방울에서 눈꼬리를 지나는 45°가 되는 지점
입술의 폭	윗입술 : 아랫입술의 비율 1:1.5
콧방울	눈썹머리와 일직선

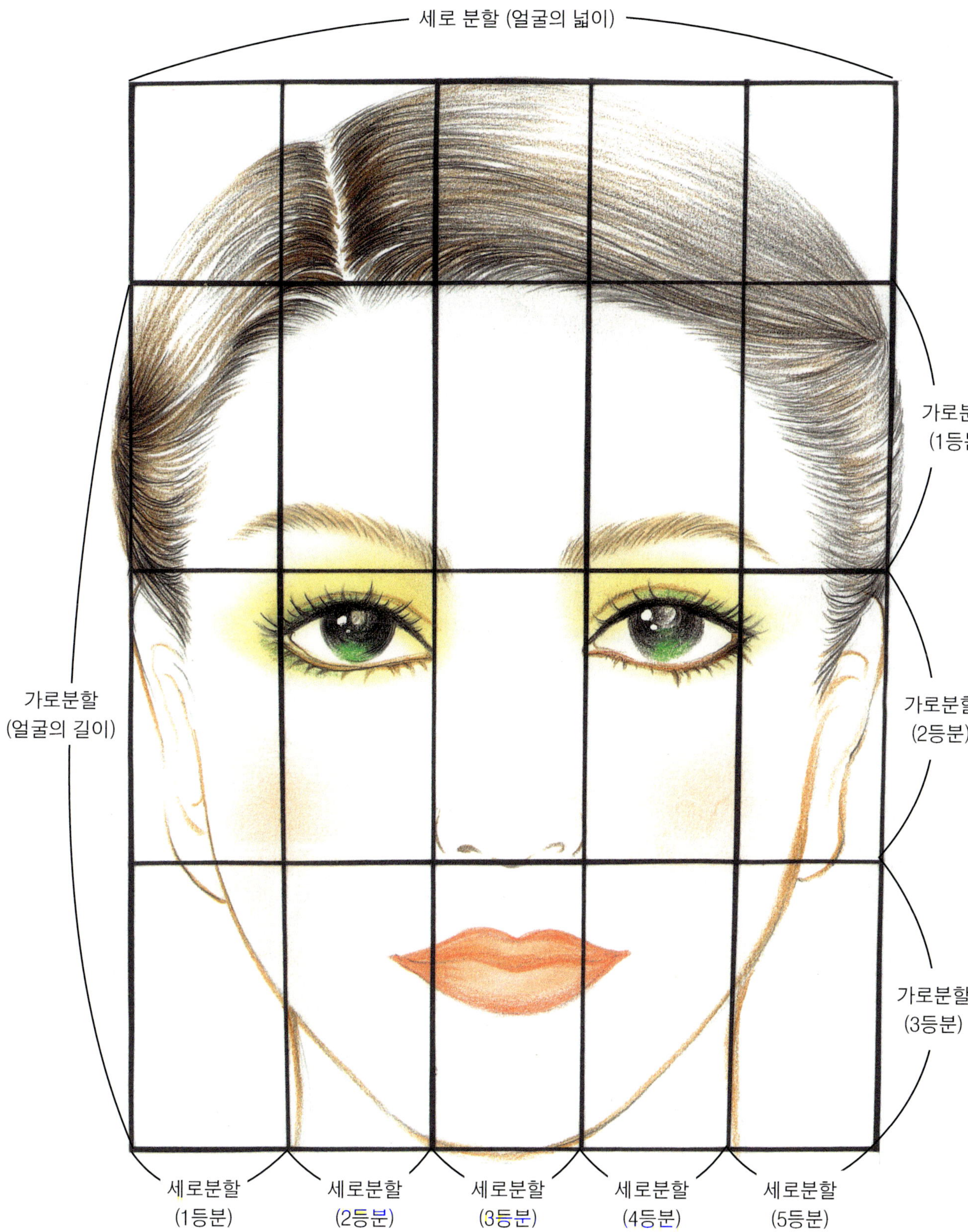

[이상적인 Face Proportion]

M·A·K·E·U·P·D·E·S·I·G·N

chapter 5

메이크업의 도구

chapter 5
메이크업의 도구

메이크업을 할 때에는 여러 가지 화장품과 도구가 필요하다. 시술 전에 해야 할 일은 먼저 화장에 필요한 도구들이 완전하게 갖추어져 있는지를 확인하며 사용하기 편리하도록 정리한 후에 시술에 임한다.

5-1. 스펀지(Sponges)

파운데이션을 펴 바를 때 사용하는 도구이다. 일반적으로 파운데이션을 펴 바를 때에는 손가락을 사용하는 경우가 대부분이다. 추운 날씨에 메이크업을 할 경우 차가운 손이 모델의 피부에 닿았을 때 불쾌함을 줄 수 있으며 얼굴에 손가락 자국이 생기는 원인이 된다. 얼굴 부위에 맞는 적당한 스펀지를 사용하면 피부 표현을 깨끗하게 할 수 있다. 또한 파운데이션을 잘 스며들게 할 뿐만 아니라 뭉치지 않게 고루 펴주는 역할을 하게 된다.

파운데이션을 얼굴 전체에 펴 바를 때에는 크고 둥근형의 스펀지가 좋으며 코 측면, 얼굴라인, 눈밑 등 좁은 부위는 삼각형 또는 사각형 스펀지가 편리하다.

(1) 라텍스 스펀지 (Latex Sponges)

천연 생고무를 원료로 하여 만들어졌으며 지저분해졌을 경우 세척하는 것보다 가위로 잘라서 사용한다.

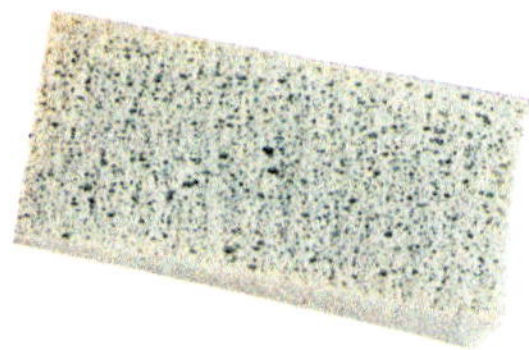

(2) 합성 스펀지 (Complex Sponges)

석유화학에서 얻은 인조원료로 만들어서 유분의 흡수력은 떨어지나 탄력성이 우수하여 형태 보존력이 좋고 저렴한 가격대로 쉽게 구입할 수 있다. 사용 후에는 비눗물에 세척하여 사용한다.

(3) 해면 스펀지 (Sea Sponges)

해면 스펀지는 물에 담그면 부드러워지는 천연스펀지로 팬케이크 사용 시 편리하다. 사용 후 따뜻한 물에 빨아서 건조시키며 건조 후에는 딱딱해진다.

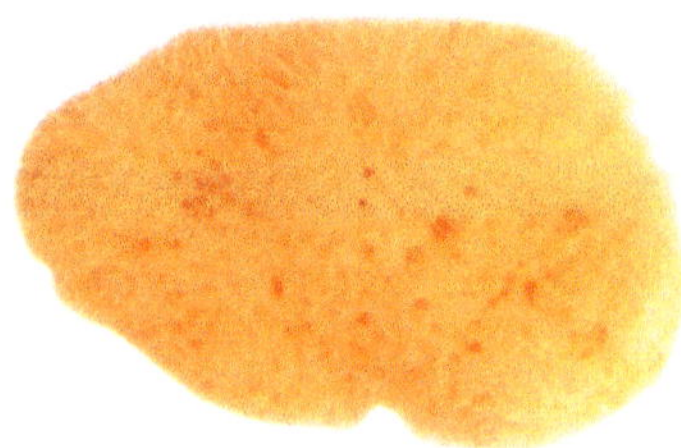

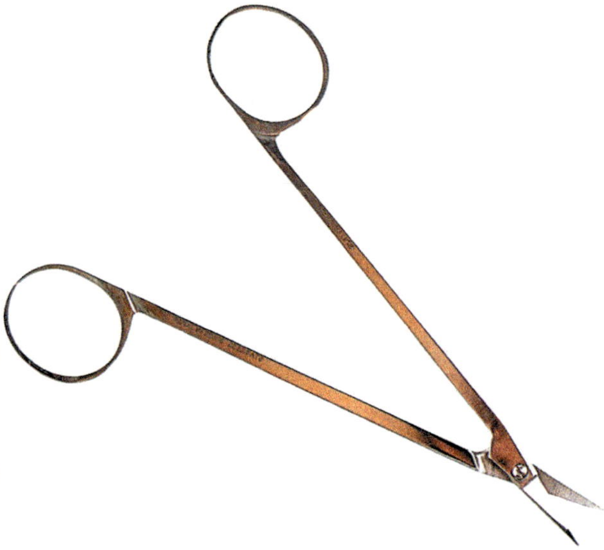

5-4. 기타 도구

(1) 가위(Scissors)

눈썹을 정리하거나 인조속눈썹의 길이를 자를 때 필요한 기구이다.

(2) 스파츄라(Spartular)

크림 또는 파운데이션, 립스틱 등을 덜어 낼 때 사용한다.

(3) 눈썹 칼(Eyebrow knife)

눈썹의 잔여물을 제거할 때 눈썹 결의 반대 방향으로 조심스럽게 뉘어서 사용한다.

(4) 족집게(Tweezers)

눈썹 뿌리까지 제거할 수 있으므로 눈썹 정리를 자주하지 않아도 되는 장점이 있다.

(5) 아이래시 컬러(Eyelash Curlers)

아이래시 컬러는 눈썹이 처져 있거나 마스카라를 바르고 난 후 더 아름답게 보이고자 할 때 사용하는 도구이다. 주의할 사항은 눈썹을 집어낼 때 한꺼번에 힘주어서 사용하지 말고 속눈썹 뿌리, 중간 부분, 눈썹 끝 부분으로 3번 정도 나누어서 사용한다. 너무 힘이 강하게 주었을 때 눈썹이 빠지거나 부서질 수 있으므로 각별한 주의가 필요하다.

(6) 면봉(Cotton)

메이크업을 수정할 때 사용한다. 끝이 둥근 모양과 뾰족한 모양이 있으며 각각 목적에 맞게 선택하여 사용한다.

(7) 인조속눈썹

인조속눈썹은 길이별, 컬러별, 숱의 양에 따라 다양하게 나뉘어져 있다. 모델의 눈의 형태 또는 메이크업의 특성에 맞게 골라 사용한다.

(8) 속눈썹 풀

인조속눈썹을 붙일 때 또는 인조속눈썹을 한올 한올 심어줄 때 사용한다. 검정색과 무색이 있다.

(9) 화장솜, 티슈

화장을 지울 때나 브러시에 묻은 아이섀도를 털어낼 때 티슈를 사용하고 화장솜은 스킨 종류를 바를 때 사용한다.

M·A·K·E·U·P·D·E·S·I·G·N

chapter 6

부분 메이크업(Part Make-up)

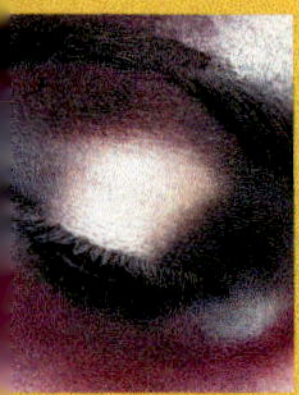

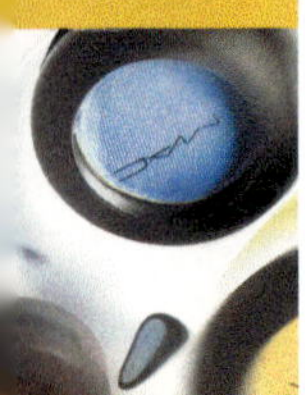

chapter 6
부분 메이크업(Part Make-up)

6-1. 베이스 메이크업(Base Make-up)

베이스 메이크업은 일반적으로 바탕 화장을 뜻한다. 전체 메이크업의 60~70%를 차지할 정도로 중요하며 베이스 콘트롤, 파운데이션, 페이스파우더가 이에 속한다.

1) 베이스 콘트롤(Base Control)

메이크업 베이스(Make-up Base)라고도 하며 기초화장을 마무리하고 피부화장을 하기 전에 바르는 제품을 뜻한다. 피부 톤을 일정하게 조절하여 결점을 보완하는 역할을 한다. 또한 파운데이션의 밀착감을 높여주며 화장을 오래 지속시켜 준다.

메이크업 베이스는 피부에 발랐을 경우 색감이 거의 나타나지 않으며 묽은 것에서부터 진하고 매트한 것까지 다양하다. 여러 가지 색상이 있으므로 피부 톤을 고려해서 선택하는 것이 좋다.

(1) 사용목적

① 피부색을 조절하여 피부의 결점을 보완시킨다.

② 파운데이션의 퍼짐성과 밀착력을 높여준다.

③ 피부에 인공막을 형성하여 수분증발을 방지함으로써 파운데이션이 피부에 주는 손상을 막아준다.

(2) 제품의 종류

종류	종류
리퀴드 타입 (Liquid Type)	수분을 많이 함유하고 있는 제품으로 중성이나 지성 피부에 적합하다.
크림 타입 (Cream Type)	리퀴드 타입보다 커버력이 강해서 기미나 주근깨 등 잡티가 많은 피부에 적당하다.
스틱 타입 (Stick Type)	커버력이 가장 우수하며 특별한 결점을 커버하고자 할 때 부분적으 로 사용하는 것이 좋으며 주로 분장이나 스테이지 분야에서 사용된다.

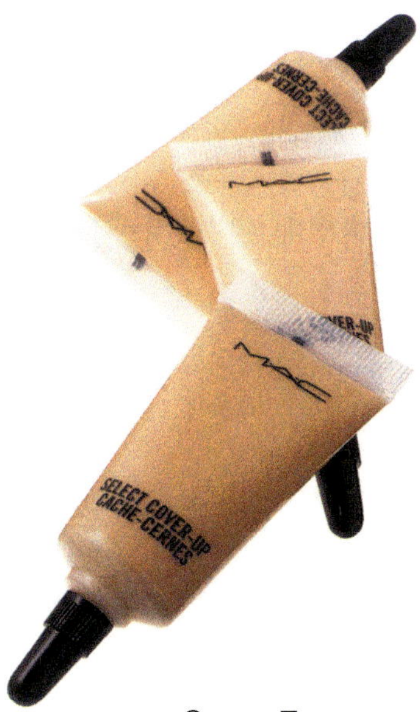

• Cream Type
Base control

• Stick Type
Base control

3) 파우더(Powder)

파우더는 파운데이션을 밀착시키고 오래 지속될 수 있도록 도와주는 역할을 한다. 또한 먼지나 공기 중의 오염 물질이 피부에 달라붙는 것을 방지해 주며 피부를 보호하여 아름다운 피부색으로 표현해 준다.

(1) 사용 목적

① 파운데이션의 유분 및 수분을 제거하고 메이크업을 오래 고정시켜 준다.

② 외부의 자극으로부터 피부를 보호해 준다.

(2) 파우더 제품의 종류

종 류	특 징
루스파우더 (Loose Powder)	가루분 자체를 루스 파우더라 하며 색상이 다양하다. 루스 파우더는 입자가 고와서 얇게 발라지는 장점이 있는 반면, 가루분이 날릴 수 있음으로 휴대하기가 불편한 단점이 있다.
프레스트 파우더 (Pressed Powder)	파우더를 고형화하여 용기에 담아 압축한 상태의 파우더를 뜻한다. 루스 파우더에 비해 색상 표현력과 약간의 커버력이 있으며 휴대가 간편하다. 수정화장 시에 효과적이며 덧바를 때에는 유분을 티슈로 제거한 후 사용하는 것이 좋다.
입체 파우더	기본 파우더를 바른 후 보다 생기 있고 입체적인 표현을 위해 덧발라주는 파우더로 알갱이 타입의 구슬 파우더와 여러 가지 색상이 섞여있는 모자이크 파우더가 있다.

☞ **좋은 루스 파우더 선택하는 방법**

① 파우더 입자가 섬세하며 손가락으로 부드럽게 비볐을 때 덩어리지듯 뭉치지 않고 눈가루처럼 사르르 떨어지는 것이 좋다.

② 파우더를 퍼프에 묻혔을 때 커버력이 있는 파우더는 가루가 날리지 않으며 가루가 미세하게 날리는 것일수록 커버 력이 약하다.

③ 용기 내에 그물이 촘촘하게 내장되어 있는 제품이 사용이 편리하다.

'MAC' 파우더

(3) 파우더 색상에 따른 특징

종류	특징	
투명 파우더	파우더 자체에 색을 함유하고 있지 않으므로 파운데이션 색상이 바뀌지 않고 그대로 표현된다.	
컬러 파우더	화이트 컬러	피부를 투명하게 연출할 수 있으며 T-Zone과 눈밑에 발라주면 얼굴이 화사하고 밝아 보인다.
	그린 컬러	얼굴의 붉은 기를 커버한다.
	핑크 컬러	창백한 피부에 혈색을 부여하고 화사한 느낌을 주며 신부화장 시에 적합하다.
	오렌지 컬러	신선하고 건강한 혈색을 연출할 수 있다.
	브라운 컬러	얼굴의 각진 부분이나 결점을 커버할 수 있다.
	퍼플 컬러	화려한 이미지를 연출할 때 좋다.
	옐로우 컬러	검은색의 피부를 중화시킨다.
무지개빛 파우더	피부색을 화사하게 표현한다.	
펄 파우더	펄을 함유하고 있으며 화려한 이미지 연출이나 스테이지 메이크업에 많이 사용된다.	
브론즈 파우더	여름철 선탠한 듯한 피부표현 연출에 효과적이다.	

☞ 파우더 바르는 방법

① 퍼프 사용법 - 가장 일반적으로 많이 사용되는 방법이며 2장의 퍼프를 가지고 사용하면 편리하다. 한 장에는 파우더를 덜어서 나머지 한 장의 퍼프와 서로 맞대어 가볍게 비비면 파우더가 퍼프에 골고루 묻혀 진다. 묻힌 퍼프를 넓은 볼 부위부터 시작해서 꼼꼼하게 발라준다. 시술 시 너무 손에 힘을 주지 않아야 하며 부드럽게 터치하듯이 발라준 후 파우더 브러시로 남은 여분을 털어낸다

② 브러시 사용법 - 심한 건성피부나 내츄럴한 화장을 원할 때 사용하는 것이 좋으며 퍼프보다 얇게 펴 바를 수 있다.

6-2. 아이 메이크업 (Eye Make-up)

'눈은 마음의 창' 이라는 말이 있듯이 자신의 감정을 잘 표현할 수 있는 부분이다.

아이섀도의 컬러를 선정할 때 주의할 점은 색이 지닌 이미지를 이용해서 눈화장을 해야만 한다. 또한 시술자의 눈의 결점과 의상 색과의 조화 역시 고려해야할 부분이다.

눈의 결점은 짙은 아이섀도 만으로 커버될 수 없다. 오히려 부자연스럽게 보일 수 있으며 눈의 결점을 강조할 수 있는 우려를 범할 수 있다. 적절한 컬러의 선택과 그에 어울리는 아이라인, 속눈썹 화장이 조화가 이루어졌을 때 아름다운 눈매를 연출할 수 있다.

아이메이크업의 종류에는 아이섀도, 아이라인, 마스카라, 아이브로우가 해당된다.

'MAC' 광고 사진

1) 아이브로우 (Eye Brow)

눈썹은 사람의 첫인상을 강력히 프레젠테이션(presentation) 시켜준다. 즉 눈썹은 얼굴 전체의 인상을 좌우하며 이미지를 표현하는 아주 중요한 부분이다.

눈썹이 올라가면 날카로운 인상을 보여주게 될 것이고, 눈썹이 처지게 되면 장점으로는 온순하게 보이고, 단점은 어수룩하게 보일 수 있다. 눈썹은 그 형태나 각도, 굵기의 정도에 따라 자유롭게 이미지를 변화시킬 수 있다.

연극이나 영화에서는 눈썹의 이미지를 어떻게 나타내는가에 따라서 배역의 역할이 표현되어 진다.

눈썹을 드로잉할 때에는 눈썹의 형태가 가지고 있는 이미지와 모델의 이미지를 고려하여야 하며, 무엇보다도 자연 눈썹을 최대한 활용하여 얼굴형에 어울리는 눈썹형을 선택하여야 한다.

(1) 목적

① 얼굴의 전체적인 인상을 좌우한다.
② 눈썹을 수정, 보완한다.

(2) 제품의 종류

종류	특징
펜슬 타입 (Pencil Type)	눈썹을 선명하게 그릴 수 있는 장점이 있으나 자칫 인위적으로 보일 수 있다. 깎아서 사용해야 하는 번거로움이 있다.
케익 타입 (Cake Type)	자연스럽게 눈썹을 그릴 수 있으며 섀도 색상을 섞어서 원하는 눈썹 색상을 만들 수 있다.
액상 타입 (LiquedType)	지속성이 우수하며 선명한 눈썹을 그릴 때 좋다.

(3) 아이브로우의 이상적인 Proportion

① 눈썹 머리 : 콧방울에서 일직선 상으로 올라간 선의 위치

② 눈썹 산 : 눈썹 전체 길이를 3등분했을 때 2/3 지점

③ 눈썹 꼬리 : 콧방울 끝에서 눈꼬리를 연결한 지점

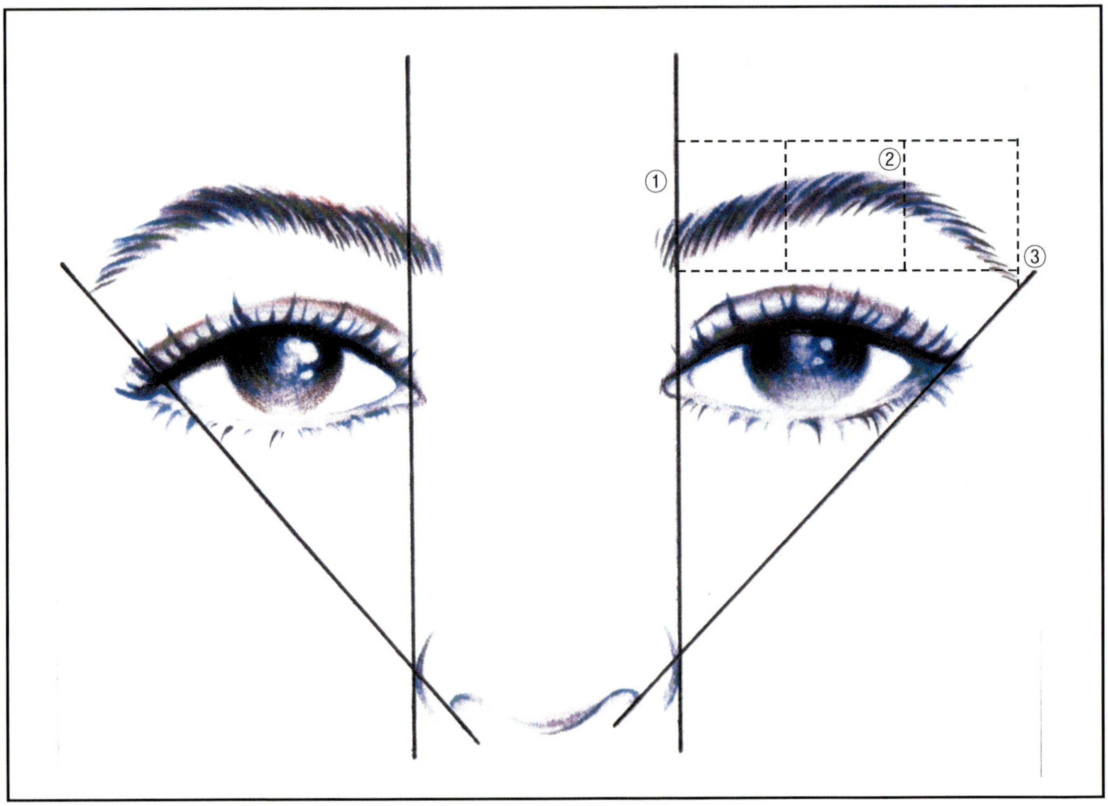

눈썹의 기본 위치

(4) 다양한 눈썹의 종류와 이미지

눈썹의 종류	이미지
	· **표준형 눈썹** 가장 무난하고 많이 그리는 눈썹형으로 어떤 형의 얼굴에도 무난하다.
	· **각진형 눈썹** 세련된 느낌 둥근형, 이마가 넓은 얼굴에 적당하다.
	· **아치형 눈썹** 여성적인 느낌 이마가 넓은 형, 각진형의 얼굴에 잘 어울린다.
	· **올라간 눈썹(화살형)** 역동적이고 개성적인 느낌 둥근형의 얼굴을 커버할 수 있다.
	· **일자형 눈썹(직선형)** 젊고 남성적인 느낌 긴형의 얼굴형에 어울린다.

(5) 눈썹의 형태에 따른 이미지

종 류	특 징	
눈썹의 굵기	굵은 눈썹	건강한 인상, 젊음을 표현할 수 있다.
	가는 눈썹	부드럽고 여성적이나 나이가 들어 보일 수 있다.
눈썹의 색상	흑색	강한 이미지를 연출할 때 좋다.
	회색	가장 무난하고 대중적이다.
	갈색	지적이고 성숙한 이미지를 표현할 수 있다.
눈썹의 색상	짧은 눈썹	귀여워 보이며 동적인 인상을 연출할 수 있다.
	긴 눈썹	여성스러워 보이나 나이가 들어 보일 수 있다.

☞ 눈썹을 수정하는 방법

눈썹은 그 사람의 인상을 결정하는 중요한 역할을 하기 때문에 깨끗한 이미지를 심어주어야 한다. 눈썹의 굵기는 눈썹머리가 가장 넓고 눈썹 산에서 눈썹 꼬리 쪽으로 향할수록 가늘어지는 것이 바람직하다.

1 준비물

눈썹연필, 눈썹 가위, 눈썹 브러시, 눈썹 전용 면도칼

2 수정하는 순서와 방법

① 눈썹 브러시를 이용하여 눈썹을 가지런히 정리한다.
② 모델 이미지에 적합한 눈썹을 그려준다.
③ 눈썹 산에서 눈썹 꼬리까지의 아래로 빗어서 커트한다.
④ 눈썹 밑에 형성된 불필요한 눈썹은 수정가위나 소독된 면도칼로 조심스럽게 밀어준다.
⑤ 길이가 긴 눈썹은 수정가위로 커트한다.
⑥ 마지막으로 족집게를 이용하여 섬세하게 마무리한다.

2) 아이섀도 (Eye-shadow)

'크리스챤 디올 사진'

아이섀도는 눈에 음영을 주어 깊이감과 입체감을 표현하며 눈매를 수정하고 보완하는 역할을 한다. 또한 색이 가지고 있는 감정을 이용하여 다양한 이미지를 연출할 수 있다. 아이섀도의 색상을 선택할 때는 전체적인 의상 색이나 립 메이크업, 볼 터치 색상과의 조화를 고려해야 한다.

(1) 목적

① 눈에 색감을 주어 눈매를 수정, 보완하여 입체감 있는 눈매를 표현할 수 있다.

② 아이섀도 색상을 이용하여 다양한 이미지를 연출할 수 있다.

(2) 제품의 종류

종류	특징
케익 타입 (Cake Type)	· 가장 일반적인 제품으로 색상이 다양하며 그라데이션이 용이하나 지속력이 떨어지는 단점이 있다.
크림 타입 (Cream Type)	· 발색효과가 뛰어나며 색상이 선명하다. · 크림타입의 섀도를 사용한 후에는 같은 색의 케익 섀도나 파우더로 고정을 해주면 지속력을 높일 수 있다.
펜슬 타입 (Pencil Type)	· 간편하게 화장할 수 있으며 포인트 메이크업이나 선적인 느낌을 표현할 때 효과적이다. · 그라데이션이나 부드러운 색상 표현은 힘들다.
파우더 타입 (Powder Type)	· 펄 타입이 많으며 광택을 부여하고자 할 때 좋다. · 단점으로 눈밑에 잔여물이 떨어져 얼룩이 질 수 있기 때문에 주의하여야 한다.
스틱 타입 (Stick Type)	· 전문가용으로 색감이나 표현력이 가장 강하다.

HERA

MAKE UP FOR

(3) 아이섀도의 컬러 명칭

① 베이스 컬러 (Base Color):

눈화장의 이미지를 좌우하는 컬러로서 눈두덩 전체에 도포한다.

진한 톤보다는 중간 톤의 색상을 많이 사용한다.

위치 : 눈두덩, 아이홀

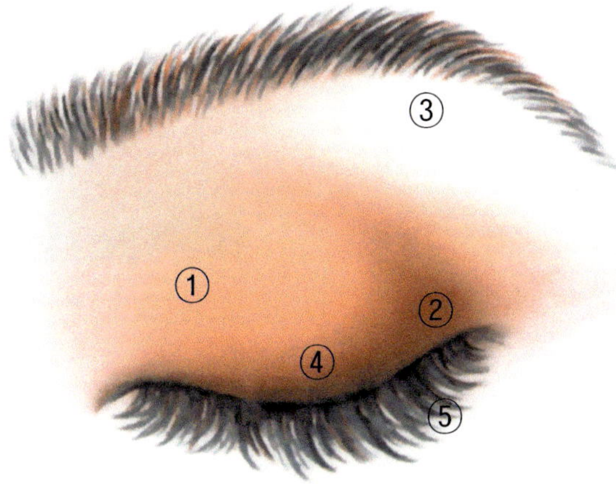

아이섀도의 컬러 명칭

② 엑센트 컬러 / 포인트 컬러(Accent Color/Point Color)

눈매를 강조하기 위해 바르는 컬러로 주로 진하고 선명한 색상을 사용한다.

포인트 컬러를 선정할 때에는 의상 색과의 조화를 고려한다.

위치 : 눈꼬리, 쌍꺼풀 라인

③ 하이라이트 컬러(Highlight Color)

돌출되어 보이고자 하는 부위에 바르는 컬러로 밝은 색이나 펄 컬러를 많이 사용한다.

위치 : 눈썹 뼈

④ 섀도 컬러(Sadow Color)

눈의 윤곽을 수정할 때에나 음영을 주기 위해서 사용하는 컬러로 들어가 보이고자 하는 부위에 바른다.

브라운계열의 컬러를 주로 사용한다.

⑤ 언더 컬러(Under Color)

눈밑 언더라인에 바르는 컬러로 포인트 컬러와 연결하여 선적인 느낌으로 깨끗이 발라준다.

위치 : 눈밑

(2) 제품의 종류

종 류	특 징
리퀴드 마스카라 (Liqued Mascara)	액상 타입이며 접착력이 뛰어나 속눈썹을 선명하게 표현해 주며 일반적으로 가장 많이 사용되는 제품이다. 건조가 빠르다.
롱래쉬 마스카라 (Long-lash Mascara)	섬유질가 들어있으며 마스카라를 바를 때 속눈썹 끝에 가느다란 섬유질이 붙어서 속눈썹이 길어 보이는 효과를 준다. 단 시간이 지나면 섬유질이 굳어지면서 떨어지거나 지저분해질 수 있는 단점이 있다.
볼륨 마스카라 (Volume Mascara)	속눈썹 숱을 풍성하게 해준다. 건조가 조금 느린 단점이 있다.
케익 마스카라 (Cake Mascara)	물이나 스킨을 이용하여 붓에 묻혀서 사용하며 눈물 등에 번지기 쉬운 단점이 있다.
워터프루프 마스카라 (Waterproop Mascara)	내수성이 좋아 땀이나 얼룩에도 잘 지워지지 않으며 주로 여름철에 많이 사용한다.
투명 마스카라	색상을 포함하고 있지 않으므로 남성 메이크업이나 파운데이션의 잔여물을 제거할 때, 자연스러운 메이크업 시에 좋다.

'MISSA' 광고 사진

☞ Mascara 바르는 방법

① 눈을 가늘게 뜬 상태에서 속눈썹의 뿌리 쪽에서부터 끝쪽으로 쓸어내리듯이 발라준다. 마스카라 액을 너무 많이 바르면 컬(curl)이 잘 형성되지 않으므로 얇게 발라준다.

② 속눈썹을 아래에서 위로 말아올리듯 발라주고 이러한 동작을 3~4회 반복해서 바른다.

브러시를 회전시키면서 발라주면 볼륨감이 생긴다.

③ 눈밑의 속눈썹은 거울을 높이 들고 브러시 끝으로 좌우로 발라준 다음 다시 한번 브러시 를 회전시키듯이 바른다.

④ 마스카라를 사용하다 얼굴에 잘못 묻혔을 경우에는 금방 떼어내지 말고 마스카라 액이 마른 후에 면봉으로 떼어내면 번지지 않고 잘 지워진다.

5) 인조속눈썹

'HR' 광고 사진

인조 속눈썹은 마스카라와 같은 기능을 한다. 먼 거리에서도 뚜렷한 눈매를 연출할 수 있으며 속눈썹의 숱을 많아 보이게 해주면서 길어 보이게 하는 효과가 있다. 눈의 길이나 모양을 결정하고 나서 선택하는 것이 좋으며, 한올 한올 심는 속눈썹 타입과 하나로 연결되어 있는 속눈썹 타입이 있다.

(1) 인조속눈썹의 종류

① 심는 속눈썹 : 한올 한올 핀셋으로 심어준다. 자연스러운 속눈썹을 연출할 수 있으며 속눈썹의 양을 조절할 수 있다.

② 한 개로 연결된 속눈썹 : 전체적으로 모양이 만들어져 있어서 사용이 편리하다.

· 심는 속눈썹

· 한 개로 연결된 속눈썹

으로써 눈을 커 보이도록 연출한다. 짙은 색이 너무 넓어지지 않도록 주의하여야 한다.

② 아이라인 : 작은 눈에 아이라인을 그릴 때에는 위아래 아이라인이 눈꼬리 끝 부분에서 만나게 그리면 눈의 길이가 더 짧아 보인다. 눈꼬리 부분이 서로 만나지 않도록 눈꼬리 부분을 약간 띄워서 흐르듯이 그린다. 특히 중앙 부분에는 두껍게 그린다.

(3) 눈두덩이 돌출된 형태의 눈

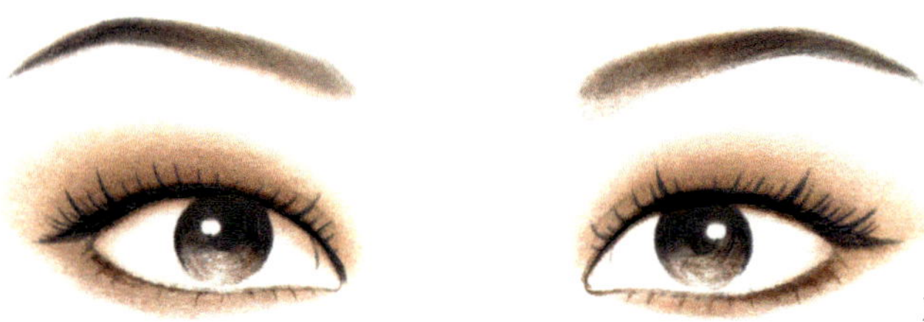

① 아이섀도 : 지방이 많아서 돌출되어 보이는 눈으로 여러 색을 사용하면 오히려 결점이 강조될 수 있다. 선적인 느낌으로 깔끔하게 포인트 화장을 하는 것이 좋다. 붉은 계열이나 밝은 톤의 색상보다는 차분한 느낌의 색상이 눈을 들어가 보이게 하는 효과가 있다.

② 아이라인 : 전체적으로 라인을 두껍게 그리고 특히 눈꼬리 부분을 굵게 그린다.

(4) 눈두덩이 들어간 형태의 눈

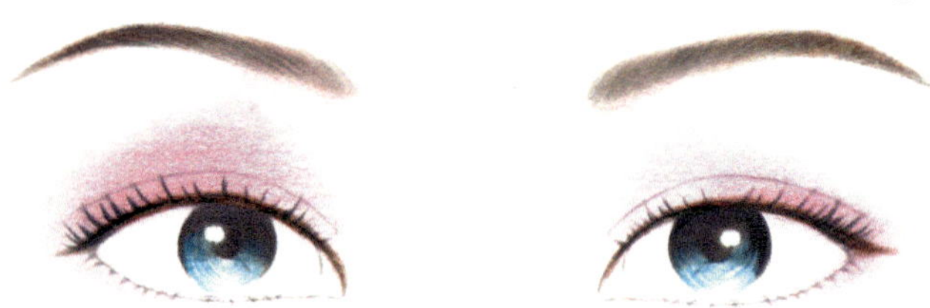

① 아이섀도 : 자칫 나이 들어 보이고 생기가 없어 보일 수 있는 눈의 형태이다. 눈두덩에 밝은 색을 사용하거나 펄 감이 있는 섀도를 사용하면 커버할 수 있다.

② 아이라인 : 자연스럽게 처리한다.

(5) 눈꼬리가 올라간 형태의 눈

① 아이섀도 : 눈꼬리 밑 부분이나 언더라인을 강조하여 넓게 펴 발라준다. 눈꼬리 부분이 강조되지 않도록 주의한다.

② 아이라인 : 라인을 내려가게 그려준다. 언더라인을 강조해서 그리고 눈머리는 강조하지 않는다.

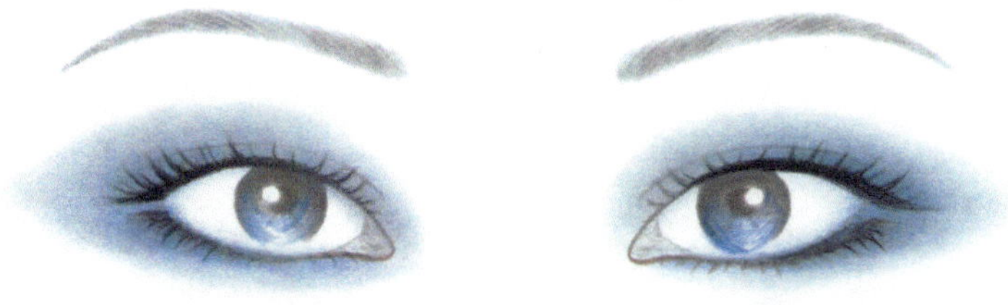

(6) 눈꼬리가 내려간 형태의 눈

① 아이섀도 : 눈꼬리가 올라가 보이도록 눈 앞머리를 가늘고 엷게 펴 바르는 것이 좋으며 눈꼬리 쪽으로는 끌어올리듯이 펴 바른다.

② 아이라인 : 언더라인을 그릴 때 눈 끝 부분을 강조하여 올려서 그려주고 위 라인 역시 눈꼬리 부분을 올려서 그려준다.

(7) 눈과 눈 사이(미간)가 좁은 형태의 눈

① 아이섀도 : 눈 앞머리에 밝은 색상으로 하이라이트를 처리하여 눈과 눈 사이의 거리를 넓어 보이도록 한다. 마스카라는 윗눈썹의 꼬리 부분만 시술한다.

② 아이라인 : 눈 머리는 그리지 않고 눈꼬리 쪽을 강조해서 그린다.

(8) 눈과 눈 사이(미간)가 넓은 형태의 눈

① 아이섀도 : 눈과 눈 사이가 넓을 경우 뚜렷한 인상을 주지 못하므로 눈 머리에서 노우즈 섀도(Nose Shadow)를 연결시켜 안쪽으로 펴 발라주고 눈 머리 앞쪽에 가깝게 포인트를 준다.

② 아이라인 : 눈 머리 쪽을 두껍게 그리고 꼬리 쪽을 엷게 그린다.

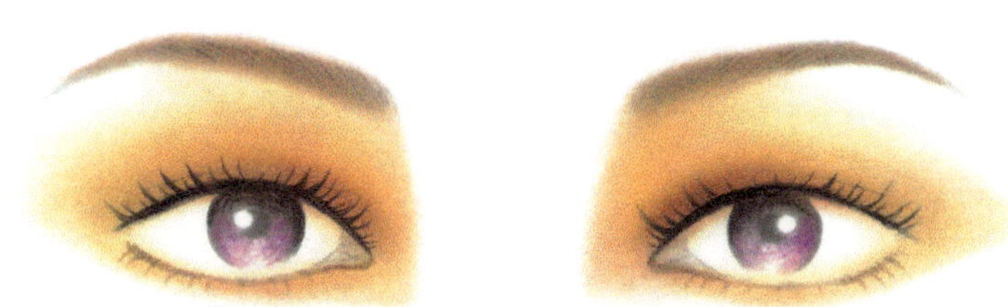

6-3. 립 메이크업 (Lip Make-up)

얼굴 중에서 가장 움직임이 많고 표정을 좌우하는 곳이 입술이다. 입술화장은 입술의 형태나 색감에 의해 얼굴 전체를 생동감 있게 표현해 주며 이미지를 전달하는 가장 강력한 수단이기도 하다.

입술은 매우 민감하여 약한 부위이다. 입술은 피부가 아니므로 피지 수분을 생성해 내지 않아 스스로 입술을 보호할 수 없어 재생력이 부족하며 입술에 보호제를 발라 보호해 주어야만 한다. 따라서 평상시 피부관리와 더불어 입술에 대한 관리

'크리스챤 디올' 광고 사진

와 보호를 철저히 해야 만이 건강한 입술 색을 유지할 수 있다.

어떤 립 컬러를 선택하느냐에 따라서 메이크업의 전체적인 이미지가 좌우되는 만큼 모델의 피부 톤, 아이섀도 컬러, 의상 색과의 조화를 충분히 고려해서 시술해야만 한다.

(1) 목적

· 입술 색상 이미지에 따라 메이크업 이미지가 결정된다.
· 입술 형태를 늘리거나 작게 수정하는 효과가 있다.
· 자외선이나 외부 자극으로부터 입술을 보호한다.

(2) 제품의 종류

종 류	특 징
립스틱 (Lip-Stick)	색감과 질감이 다양하고 사용이 간편하여 가장 일반적으로 많이 사용이 되는 제품이다.
립크림 (Lip-Cream)	입술을 보호하고 글로시한 입술을 표현해 준다.
립글로스 (Lip-Gloss)	오일 타입으로 입술에 윤기를 주어 촉촉하게 표현해 주며 입술을 보호해 준다. 지속력이 떨어지는 단점이 있다.
립라이너 (Lip-Liner)	펜슬 타입으로 입술선을 선명하게 표현할 수 있으며 입술화장이 얼룩지지 않게 오래 지속시켜 준다.
립밤 (Lip-Balm)	보습효과가 뛰어나며 빠르게 흡수되어 입술이 건조할 때 바르면 효과적이다.
페이스트 타입 (Past Type)	용기에 담겨 있는 타입을 뜻하며 부드럽고 윤기가 있으며 색상 표현보다 입술 보호 효과가 크다.
립크래용 (Lip-Crayon)	오일의 함유량이 적은 제품이며 립펜슬보다 두꺼운 형태이다. 사용이 간편하고 휴대가 편리하다.

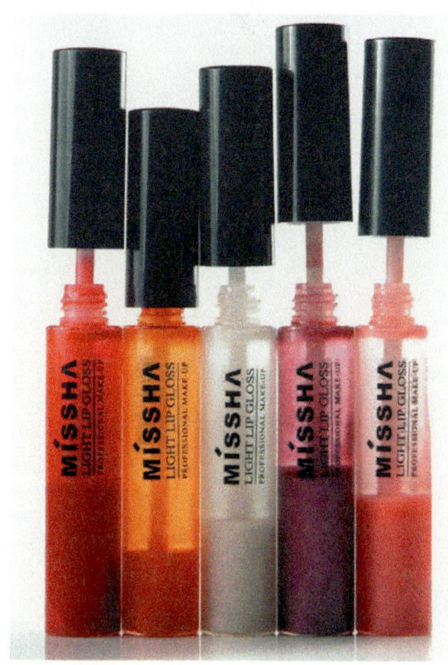

'MISSHA' 립글로즈

☞ 립스틱의 질감별 특성

Texture	특 성
표준 질감 (Standard Texture)	색상의 변화가 적고 약간의 윤기가 있다. 가장 무난한 타입의 질감이다.
매트한 질감 (Matte Texture)	광택이 없고 색이 강하게 표현되며 지속력이 우수하다. 건조해지기 쉬운 단점이 있다.
롱 래스팅 (Long−Lasting)	색소 성분을 강화해서 오랜 시간이 지나도 지워지지 않는다.
모이스춰라이징 (Moisturzing)	보습성분이 있어 바르면 촉촉해지며 윤기가 있다. 오일 함량이 많아서 색의 퍼짐성이 좋으나 번질 우려가 있어 지속력이 떨어진다.
그로스 (Gloss)	왁스보다 오일을 많이 함유하고 있어 색이 진하고 번들거린다. 건조가 빠르기 때문에 자주 덧발라야 하는 번거로움이 있다.

(3) 입술의 명칭과 Proportion

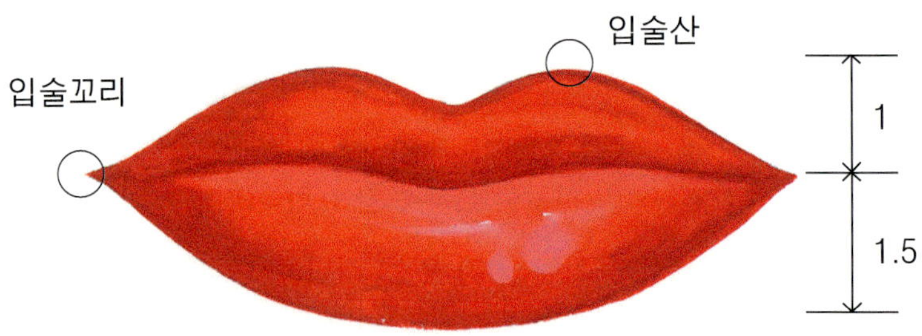

(4) 립 라인(Lip Line)에 따른 이미지

① 직선 커브(Straight Curve)

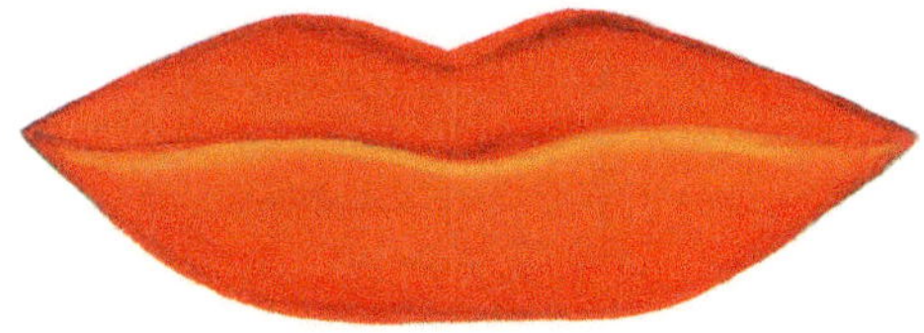

- 샤프하고 지적인 이미지

직선형의 입술선으로 활동적이고 현대적인 이미지를 연출할 수 있다.

② 인 커브(In Curve)

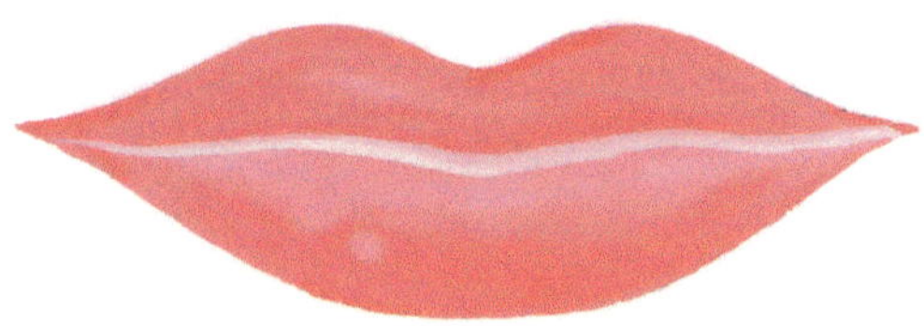

- 여성스럽고 귀여운 이미지

본래의 입술선 안쪽으로 그리는 입술형으로 입술이 작아보이는 단점이 있다.

③ 아웃 커브(Out Curve)

- 세련되고 섹시한 이미지

본래의 입술선보다 넓고 둥글게 그리면 여성적이면서 애로틱한 이미지를 연출할 수 있다.

(5) 입술 모양에 따른 수정 테크닉

① 두꺼운 입술

입술이 두꺼우면 섹시하고 현대적인 느낌이 들지만 자칫 투박해 보일 수 있다. 먼저 파운데이션으로 입술라인을 지워준 후 본래의 입술 선보다 1~2mm 정도 안쪽으로 라인을 그려준다. 옅은 색이나 펄이 들어간 색상은 두꺼운 입술을 오히려 강조할 수 있으므로 짙은 계열의 색상을 칠하여 입술이 작아 보이게 수정한다.

② 얇은 입술

여성적인 느낌을 주지만 뚜렷한 인상을 주고 싶을 때에는 약간 두껍게 수정하는 것이 좋다. 본래의 입술 선보다 1~2mm 정도 늘려서 그려주고 전체적으로 둥근 느낌으로 풍만하게 그려준다. 밝은 색의 펄 감이 있는 색상을 발라준다.

③ 긴 입술

윗입술과 아랫입술이 만나는 구각 쪽을 줄여서 그려준다. 입술 중앙에 진한 색의 립스틱을 발라주면 짧아 보이는 효과가 있다.

④ 짧은 입술

입술 끝의 길이를 늘려서 그려준다. 진한 색상보다는 밝은 색의 립스틱을 선택한다.

⑤ 입술 끝이 처진 경우

입술 끝이 처져 있으면 우울하고 생기가 없어 보인다. 입술 끝을 1mm 정도 올려서 그려주고 인커브를 라인을 사용하면 밝은 인상을 연출할 수 있다.

(6) 색상 선택법

① 립 컬러에 따른 이미지

색 상	이 미 지
핑크 톤 (Pink Tone)	여성스럽고 귀여운 느낌
레드 톤 (Red Tone)	정열, 관능, 여성적인 색으로 가장 대표적인 립컬러이다.
오렌지 톤 (Orang Tone)	활동적이며 발랄한 이미지. 약간 검은 피부에 잘 어울린다.
퍼플 톤 (Perple Toner)	우아한 여성미 강조, 화려한 이미지 표현에 좋다.
브라운 톤 (Brown Toner)	지적이고 차분한 이미지. 가장 무난한 색상.

② 피부색에 따른 립 컬러 선택

색 상	이 미 지
흰피부	깨끗해 보이는 피부 타입으로 모든 색이 무난하게 어울린다. 창백해 보일 수 있는 타입이므로 붉은 기가 가미된 핑크 계열이나 퍼플 계열의 립 컬러를 바르면 혈색을 보완할 수 있다.
핑크 톤 피부	혈색이 도는 피부로 색상의 구애를 받지 않는다. 산호색, 푸른 기가 도는 와인, 퍼플, 중간 톤의 브라운 계열
노란기가 도는 피부 (황색 피부)	노란 기운이 되는 피부로 특히 립 컬러 선택에 주의하여야 한다. 주홍색, 벽돌색, 산호색 계열, 브라운 계열
어두운 피부	브라운 계열, 레드 계열, 중간 톤의 핑크

③ 립 컬러 선택 시 고려해야 할 점

연 령		입술형태	
젊은층	연하고 밝은 색상이나 짙은 색 모두 무난히 어울린다.	큰입술	짙은 색 펄 제품은 피한다.
중년층	온화하고 차분한 색 브라운, 레드	작은 입술	밝은 색상 펄이 가미된 색

☞입술화장의 순서와 그리는 방법

① 파운데이션과 파우더를 이용하여 본래의 입술 색과 입술라인을 커버한다.
② 립 펜슬을 이용하여 이미지에 맞는 라인을 그린다.
③ 선택한 립스틱을 이용하여 입술 전체에 바른다.
④ 티슈를 이용하여 가볍게 립스틱의 유분기를 제거한다.
⑤ 투명 파우더로 입술 전체를 고정시킨다.
⑥ 립스틱을 덧발라 마무리한다.

6-4. 블러셔 (Blusher)

블러셔는 얼굴에 혈색을 부여하여 여성미와 건강미를 강조할 수 있다. 또한 얼굴형에 음영을 주어 결점을 보완시켜 주는 역할을 한다. 혈색이 없거나 흰 피부에는 핑크 계열의 색상이 좋으며 어두운 피부 톤에는 브라운색이 잘 어울린다.

피부색이나 표현하고자 하는 메이크업의 이미지를 고려하여 색상을 선택한다.

(1) 제품의 종류

Texture	특성
케익 타입 (Cake Type)	브러시를 이용하며, 색감 표현이 자연스럽고 손쉽게 사용할 수 있다.
크림 타입 (Cream Type)	파우더를 바르기 전에 사용하며 손가락이나 퍼프를 이용하여 펴 바른다. 케익 타입에 비해 지속력이 좋다.
스틱 타입 (Stick Type)	전문가용으로 많이 사용되며 진한 색상을 원할 때 효과적이다.

(2) 블러셔의 기본 위치

블러셔의 위치는 모델이 정면을 바라보았을 때 눈동자의 바깥 부분과 콧방울을 연결한 선 위쪽 이내에서 광대뼈를 스치듯이 펴 바른다.

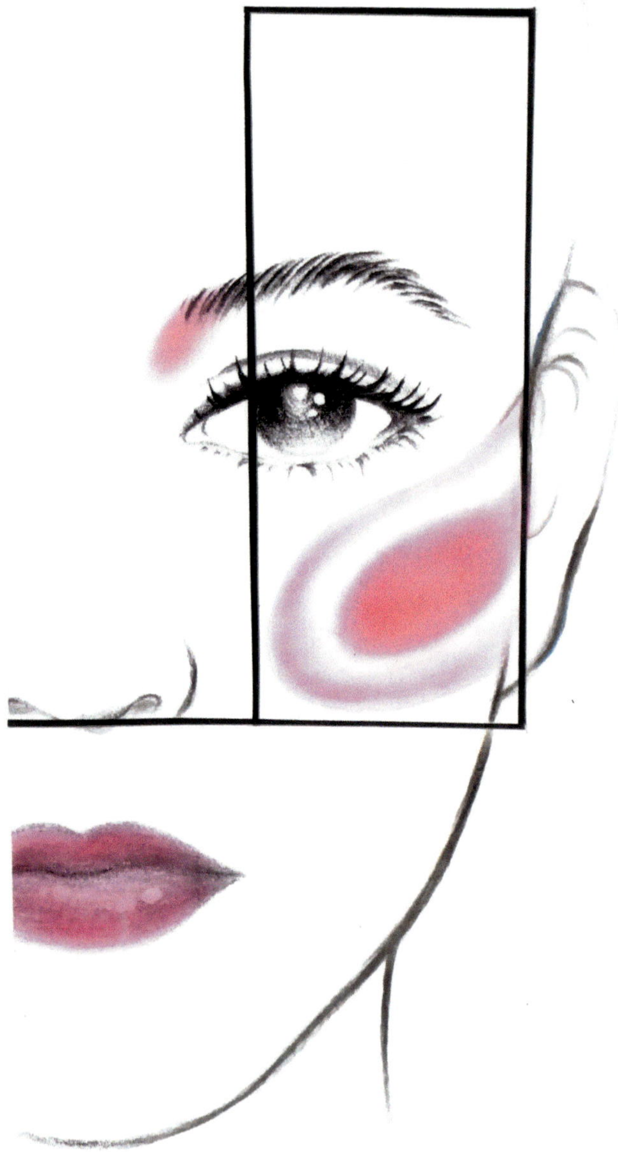

블러셔의 기본위치

(3) 얼굴형에 따른 블러셔의 위치

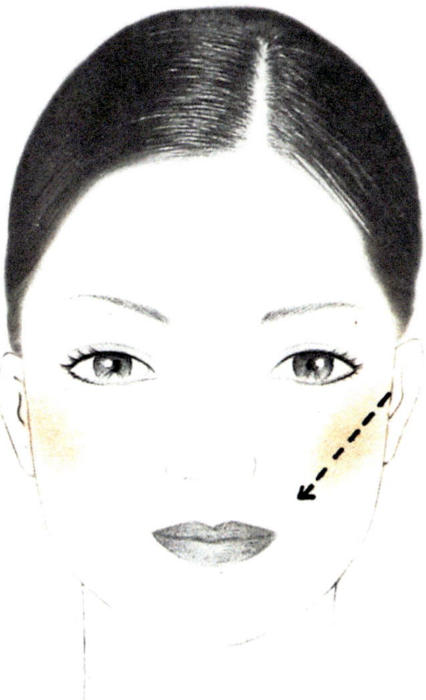

1. 둥근형

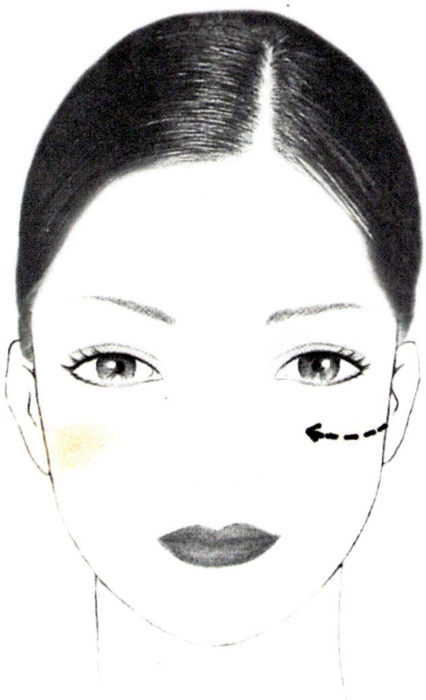

2. 긴형

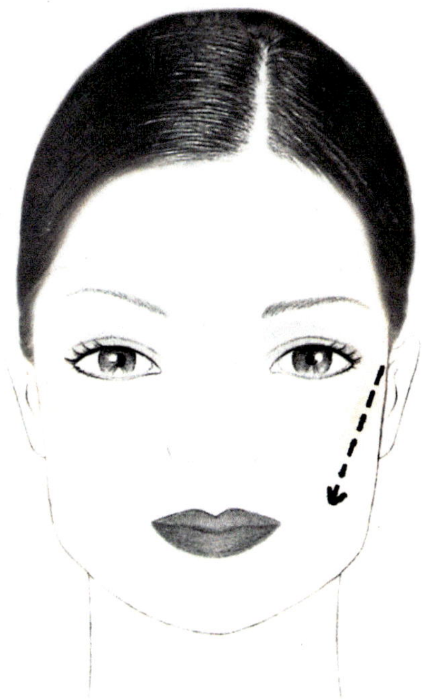

3. 사각형

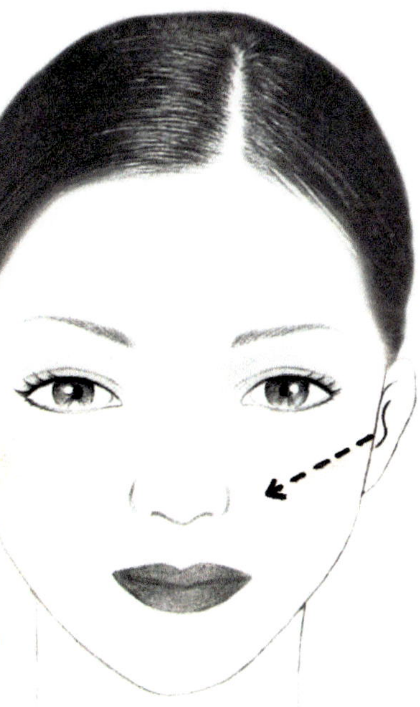

4. 역삼각형

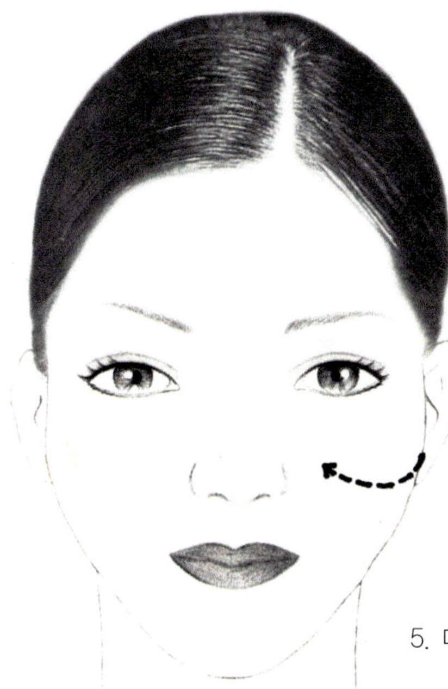

5. 마름모형

(4) 블러셔 위치에 따른 이미지 변화

이미지	블러셔 테크닉
여성적인 이미지	볼 뼈를 중심으로 관자놀이 쪽으로 부드럽게 곡선형으로 펴 바른다.
세련되고 지적인 이미지	볼 뼈 아래쪽에 포인트를 길게 잡아준다. 볼 뼈 위쪽은 하이라이트를 주어 윤곽을 강조한다.
귀여운 이미지	볼 중앙에 둥근 느낌으로 발라준다.

M·A·K·E·U·P·D·E·S·I·G·N

chapter 7

메이크업 디자인(Make-up Design)

chapter 7 메이크업 디자인(Make-up Design)

7-1. 시간에 따른 메이크업 (Time Make-up)

메이크업은 항상 시간에 영향을 받는다. 각각의 시간대에 어울리는 메이크업을 하는 것은 화장의 가장 기본이 된다고 할 수 있다. 아침에 일어나서 처음하는 화장을 데이 메이크업이라고 한다면 메이크업을 하는 모델의 의상 색이나 직업, 개인적인 취향 등이 가장 큰 영향을 미치는 요소라 할 수 있다. 왜냐하면 보통 낮 시간대에는 대부분의 사람들이 일상적인 업무나 직업에 따라 생활 패턴이 결정되기 때문이다. 반면 나이트 메이크업은 모임의 성격이나 장소 등에 따라 이미지가 결정된다. 의상 역시 모임의 목적에 맞는 의상을 선택하게 마련이다. 조명 역시 중요한 요소이다. 저녁 시간대에는 인공조명 밑에서 생활하는 경우가 많으므로 데이 메이크업에 비해 메이크업 톤이 진해질 수밖에 없다. 시간에 따른 메이크업은 이러한 점에 유의하여 메이크업을 하는 것이 바람직하며 메이크업 실습을 통하여 메이크업 톤을 결정할 수 있는 능력을 기르는데 목적이 있다

7-1-1. 데이 메이크업(Day Make-up)

낮 화장을 뜻하며 대부분의 여성들이 아침에 하는 자연스러운 화장을 의미한다. 인위적인 느낌보다는 자연 그대로를 표현하며 의상이나 헤어스타일과의 조화를 고려하여 색상을 선택하는 것이 좋다. 모델의 피부 톤과 크게 차이가 나지 않아야 하며 너무 강한 색상보다는 은은하고 내츄럴한 색상을 선택한다.

Day Make-up Design

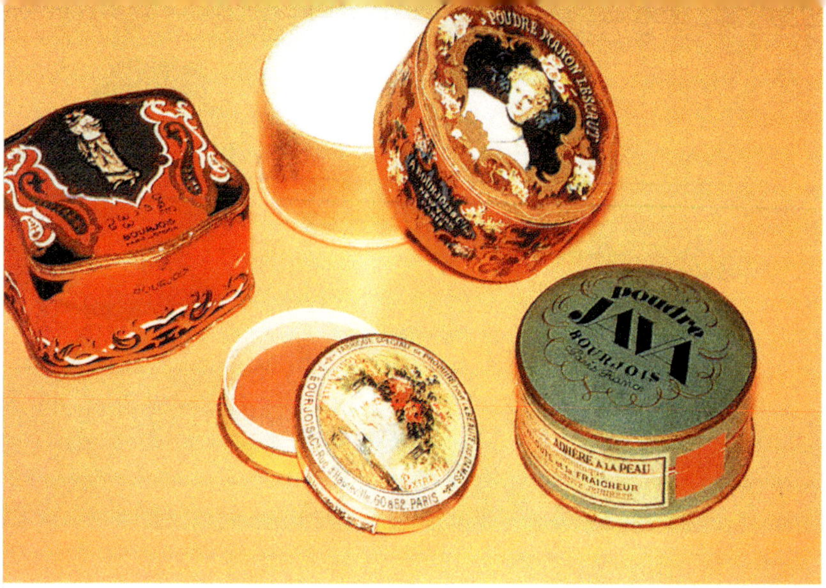

부르조아의 '최초의 볼연지와 분홍 파우더'

2) 1910년대

세계제1차대전의 영향으로 서구 사회는 본격적인 근대화가 시작되었다. 생활 양식의 변화로 인해 직업을 가진 여성의 수가 늘어나면서 여권의 목소리가 높아지기 시작했다. 이와 함께 여성들의 사고방식도 자유로워져서 말괄량이를 가르키는 플래퍼(Flapper)라는 대명사가 생겨나기도 하였다.

1914년 발발한 1차대전 이후 산업화가 본격적으로 진행되었고 이로 인해 화장품의 대량생산이 합법화되었다.

1915년에는 입술과 볼에 사용하는 액체 루즈가 만들어졌고 1916년에는 파우더의 품질이 향상되었으며 스틱형의 립스틱이 개발되는 등 현대적인 개념의 화장품이 이때부터 등장하였다. 이제 화장은 점점 더 모든 여성들에게 보편화되기 시작했다.

(1) 의상

영화 〈뱀브(Vamp)〉에서 요부 역할을 한 테라바라(Theda Bara)는 앞가슴을 많이 노출시키고 가슴 언더라인에 황금색 뱀 모양을 수놓은 의상과 헤어밴드나 모자로 멋을 낸 스타일을 영화에서 보여주어 새로운 유행을 만들기도 했다.

1910년대에는 보이시한 스타일의 패션과 짧게 자른 헤어스타일이 유행하였으며 여성들이 작업복을 즐겨 입게 됨에 따라 옷을 통한 신분 상징적 기능이 점차 사라지기 시작하였다. 스커트의 밑단으로 갈수록 좁아지는 폴 푸와레(Paul Poiret)의 호블(Hobble) 스커트, 코코 샤넬의 기능적이고 심플한 스타일 역시 인기를 끌었다.

(2) 메이크업

1910년대는 영화산업의 초기 단계로서 여배우들의 메이크업은 일반 여성들에게는 다소 생소할 수밖에 없었다.

무성영화 시대 최고 배우였던 테라바라(Theda Bara)는 눈썹은 새까맣게 일자형으로 그리고 눈 주위는 음영을 강하게 넣

드레이프 등 신체를 노출하는 스타일이 유행했다.

30년을 대표하는 디자이너 엘자 스키아파렐리(Elsa Schiaparelli)는 여성의 신체를 무시한 20년대 모드와는 다르게 어깨를 패드로 강조하고 바스트를 살려주는 클래식한 라인을 재창조했다.

머리 길이는 점점 길어졌으며 열을 이용하여 웨이브를 만드는 퍼머나 아이롱을 이용한 세련되고 우아한 분위기의 헤어스타일을 선호하였다. 어깨 위로 웨이브 컬을 많이 넣거나 핑거웨이브(Finger wave)처럼 여성스럽고 우아한 모양의 웨이브에 머리핀을 꽂은 스타일도 유행하였다.

Mme Moscou, Mme Marcelle presentent ici deux coiffures cristallisées. La première, très travaillée, chargée de boucles est en argent. La seconde, d'une ligne très jeune, beaucoup plus simple, en or. *Photos Scaioni.*

COIFFURES CRISTALLISÉES

La coiffure cristallisée séduit décidément les femmes. Beaucoup en souriaient, il y a quelques semaines, qui désirent aujourd'hui s'y rallier.

Actuellement d'ailleurs, une formule nouvelle de « cristallisation » laisse loin derrière soi la coiffure laquée qui faisait épais et le postiche qui faisait lourd.

Naturellement, l'opération ne peut être faite que par le coiffeur. La femme la plus adroite n'y peut parvenir elle-même.

Trois teintes principales sont adoptées : neutre, c'est-à-dire laissant au cheveu sa couleur naturelle, argent et or.
Il va sans dire que cette mode ne se rapporte qu'aux coif-

1930년대는 신비하고 매력적이며 개성적인 그레타 가르보(Crete Garbo)나 진 할로우(Jean Harlow)같은 여성이 이상형이었으며, 여성의 신체 곡선을 부활시킨 화려하고 엘레강스한 드레스가 유행하였다.

(2) 메이크업

1920년대의 '귀여운 말괄량이 이미지' 의 여성에서 '성숙하고 여성스러운 이미지' 의 여성들이 이상적으로 여겨지기 시작하였다.

진 할로우

1930년대를 대표하는 스타로는 성숙한 여성미를 강조한 그레타 가르보(Greta Garbo)를 들 수 있다. 또한 마르린 디트리히(Marlen Dietrich)의 가는 눈썹과 야윈 볼, 글래머러스한 금발미녀 이미지의 진 할도우(Jean Hslow) 등도 빼놓을 수 없다. 이들은 얼굴 전체를 파운데이션으로 완벽하게 덮은 후에 모델의 피부 톤보다 약간 어두운 유성 파운데이션(1914년 맥스 팩터가 개발)을 발라 턱을 좁아 보이도록 하였다. 눈썹은 정교

마르린 디트리히

그레타 가르보

하면서도 가는 아치형으로 그렸고, 여기에 인조눈썹과 마스카라를 짙게 강조하였다.

눈이 깊어 보이도록 흰색 하이라이트를 주고, 검정색이나 청색 아이섀도를 이용하여 신비로운 분위기의 눈화장을 유행시켰다. 또한 입술은 장미꽃 봉우리의 볼륨감 있는 형태와 반짝이는 붉은색으로 뚜렷하게 강조하였고, 이와 매치되도록 빨강색 네일 에나멜을 같이 바르는 것도 함께 유행하였다.

할리우드 배우들의 분장을 맡았을 뿐만 아니라 유성 파운데이션을 개발한 화장품 회사인 맥스 팩터(Max Factor)는 배우들의 화장법이 선풍적으로 유행하게 됨에 따라 1936년 런던에 미용 살롱을 열기도 하였다.

5) 1940년대

세계2차대전이 길어지면서 화장품을 구하기가 어려워지면서 가격이 점점 비싸고 귀해지자 스타킹 대신 다리 채색 화장품을 사용하였고, 클렌징 크림을 대신하여 버터를 사용하였다. 쥬스, 과일, 식물 기름, 꽃잎, 포도주 등 주변에서 쉽게 구할 수 있는 재료로 직접 만들어서 화장품으로 대체하여 사용하기도 하였다. 전쟁 중인 유럽과는 반대로 미국은 컬러필름의 등장으로 인하여 할리우드 영화산업은 더욱더 발전하였으며 미국 영화배우들의 메이크업이 더욱 부각되었다.

(1) 의상

1940년대는 기성패션이 패션계를 지배하게 되었으며, 패션은 특수 계층의 것이 아닌 일반 대중의 것으로 정착되었다.

30년대 말부터 등장한 테일러드 슈트는 어깨에 패드를 넣

어 모난 어깨를 강조하였다. 이밖에도 직선형의 치마와 심플하면서도 기능성과 실용성을 겸비한 스타일이 유행하였다.

1947년 크리스챤 디올(Christian Dior)이 발표한 뉴룩(New Look)은 여성들의 모습을 남성적 스타일의 밀리터리 룩에서 여성스러운 모습으로 변모시켰다. 머리에서 발끝까지 패션을 바꾸어 놓았고 사람들은 두상을 되도록 작게 만들려고 노력했다. 머리카락은 머리꼭대기에 있는 쪽진 머리 안으로 부드럽게 빗어 넘기거나 한쪽으로 빗어 말아올렸다. 모자는 더 작아졌고 베일링이나 깃털 뭉치로 장식한 필복스(Pill Box)나 베레모가 유행되었다.

리타 헤이워드

(2) 메이크업

맥스 팩터(Max Factor)사에 의해 개발된 영화 분장용 팬케이크(Pan-Cake)가 사용되기 시작하면서 화장은 이전보다 두꺼워지기 시작하였다. 또한 컬러 필름의 개발로 인해 색조화장이 더욱 풍부해지게 되었다.

1940년대 여성의 이상형은 관능적인 모습을 한 핀업 걸(Pin-up girl)들이었다. 전쟁 중 군인들의 영향으로 성적 매력이 있는 여성들의 이미지가 이상적인 스타일로 등장하였다. 이러한 관능적인 여성들을 가르켜서 '성적 여신'(Sex goddess)이란 말로 불렀으며 이전의 신비스러운 여성의 이미지를 대신하여 '강하고 관능적인 여성미'가 부각되었다.

잉그리드 버그만

메이크업은 두껍고 또렷한 형태를 띄는 눈썹과 아이펜슬로 눈꼬리 부분을 치켜올린 눈화장, 볼륨감이 느껴지는 다소 두꺼운 입술을 표현하여 생동감 있는 모습을 연출하였다. .

이시기를 대표하는 스타로는 잉그리드 버그만(Ingrid Bergman), 리타 헤이우드(Rita Hayworth), 에바가드너(Eva Gardner)등을 들 수 있다.

6) 1950년대

1950년대는 컬러영화, TV, 카메라가 등장함으로써 컬러의 중요성이 부각된 시기이다. 미국 할리우드의 영향으로 색조화장을 위한 아이섀도와 여러 가지 색상의 립스틱이 등장하였으며 화학기술의 발전으로 새로운 화장품이 개발되면서 눈썹화장용 연필이 널리 사용되었다

전쟁이 끝나고 남성들이 다시 사회로 돌아오면서 가정적이고 순종적인 여성을 바람직한 여성상으로 삼는 사회적 분위기가 형성됨에 따라 성숙하고 우아한 이미지를 나타낼 수 있는 메이크업이 유행하였다. 남성들에게 잘 보이기 위한 패션과 화장이 여성의 가치를 높이는 중요한 수단이 되었으며 때로는 남성을 기쁘게 하기 위한 성적 대상물로서 여성들의 존재를 평가하기도 하였다.

(1) 의상

40년대에 시작된 뉴룩의 열풍은 50년대에도 이어져 여성스럽고 우아한 이미지를 강조하는 의상이 인기를 끌었다. 여성들은 다시 코르셋을 입기 시작하였으며 몸에 꼭 끼는 정장을 입게되었다. 또한 검정 옷에 긴 진주목거리 장식을 하는 것도 크게 유행하였다.

10대와 20대 초반의 소녀들은 늘어진 말꼬리 모양의 포니테일(Pony Tail)스타일에 리본을 묶어 장식하였다.

영화 〈로마의 휴일〉에서 오드리 햅번(Audry Hepburn)이 보여준 짧은 앞머리의 헤어스타일은 '햅번스타일' 로 불렸으며 전 세계 여성들에게 큰 영향을 미쳤다. 이밖에도 많은 사람들이 엘비스 프레슬리(Elvis Presley), 제임스 딘(James Dean)의 헤어스타일과 캐주얼 가죽 자켓, 진 바지 등 미국 영화배우들의 스타일을 모방하였다.

오드리햅번

엘비스프레슬리

제임스 딘

(2) 메이크업

50년대 당시 전 세계적으로 우상시 되었던 영화스타들의 모습이 여성의 외모에 주도적인 영향을 주었다. 이 시대를 대표하는 배우로는 오드리 햅번(Audry Hepburn), 마릴린 먼로(Marilyn Monroe), 소피아 로렌(Sophia Lauren), 엘리자베스 테일러(Elizabeth Taylor) 등이 있다. 엘리자베스 테일러와 에바 가드너는 관능적인 모습과 통통한 몸매로 50년대의 이상형으로 사랑받았으며, 그레이스 켈리는 세련미와 우아함, 모던함으로 사랑받았다. 이밖에도 소피아 로렌은 굵고 각진 눈썹과 치켜올린 아이라인으로 강한 이미지를 연출하였다.

오드리 햅번(Audrey Hepburn)은 짧은 헤어스타일과 함께 소녀적인 이미지의 굵은 눈썹 화장법을 유행시켰다. 또한 섹스 심볼(Sex Symbol)의 대명사인 마릴린 먼로는(Marilyn Monro)는 모성애적이면서도 남성을 성적으로 유혹하는 요부의 모습을 대표하였다. 가늘고 불안정한 목소리와 부드럽고 풍만한 신체 곡선, 지적으로 조금 모자라는 듯한 모습으로 관능적인 여성의 모습을 이상화시켰다. 밝은 금발과 빨간색으로 강조된 윤기 있는 입술에 애교점은 당시 여성들의 선망의 대상이 되었다.

마릴린 먼로는 다소 인위적인 메이크업을 하였는데, 밝은 피부 톤과 함께 아이 홀에 살구색과 밝은 브라운으로 음영을 주고 눈 중앙에 밝은 색으로 포인트를 주었다. 또한 인조속눈썹을 붙인 다음 마스카라를 풍부하게 칠하여 요염함을 강조하였고, 빨강색으로 강조된 윤기 있는 붉은 입술에 애교점을 찍어서 섹시한 이미지를 최대한 살리는 메이크업을 하였다.

마릴린 먼로

엘리자베스 테일러

7) 1960년대

경제발달에 힘 입에 우주에 대한 관심이 고조된 시기로서 우주왕복선 아폴로호가 발사되었다. 1960년대에 들어오면서 화장을 둘러싼 문화도 이제까지 영화스타들을 중심으로 획일적인 모방의 단계에서 벗어나 연령과 대상이 확대되면서 표현방법이 다양해졌으며 개성을 중시하는 새로운 미를 표출하게 되었다.

젊음이 유난히 강조된 60년대는 베이비붐(Baby Boom) 세대들이 사회와 비즈니스 세계에 영향력을 행사하는 강력한 세력으로 등장했다. 베이비붐 세대들은 새로운 청년문화를 만들었으며, 기성세대의 가치관과 고정관념에서 벗어난 그들 나름대로의 다양성과 개성을 강조하였다. 기존 사회에 반기를 든 히피족도 하나의 새로운 문화현상으로 부각되었다.

(1) 의상

60년대 패션 특징은 젊은이들이 기성세대 모드와는 전혀 다른 대담한 영(young)패션을 요구하였다. 1965년 영국 디자이너 메리 퀸트(Mary Quant)와 조안 위르(Joan Huir)의 컬렉션에서 선보인 미니스커트는 젊음과 역동감 있는 모드로서 전 세계적으로 급격히 유행하기 시작하였다. 또한 전 세계 젊은이들의 폭발적인 인기를 받았던 비틀즈가 탄생하여 이른바 비틀즈룩이 등장하였다.

60년대 후반에는 인위적인 형태나 상업주의에 대한 반발에서 시작된 히피패션이 유행하였다. 히피패션의 가장 큰 특징은 스타일의 다양성에 있다. 가장 보편적인 청바지에서부터 에스닉(ethnic), 노스텔직(nostalgic), 사이키델릭, 그리고 이전 시대의 모드족(Mode)과 비트족(Beats)스타일에서 영향을 받았다. 히피스타일을 한 젊은이들은 남녀 모두 앞가르마를 타고 긴 머리를 그대로 늘여뜨리거나 머리 위에 스카프를 연출하는 스타일을 즐겼다

(2) 메이크업

60년대 화장은 대체적으로 입술 색상과 눈썹 색상은 최대한 흐리게 표현하였으며, 검정섀도로 홀 라인을 강하게 그렸으

브리짓드 바르도

재키 캐네디

라는 기존의 질서를 무시하는 하위문화가 생겨났다. 또한 인종 차별에 대한 흑인운동의 확산으로 흑인에 대한 관심이 증가하기도 하였다.

펑크 감각의 헤어스타일

(1) 의상

1970년대는 경기침체의 영향으로 보다 실용적이고 간편한 옷을 찾게되었다. 미국의 캘빈 클라인(Calvin Klein)은 중성적인 스타일을 발표하여 패션혁명을 일으켰다.

70년대를 대표하는 배우 파라 포셋(Farrah Fawcett)은 부드러우면서도 아무렇게나 드리워지는 자연스러운 헤어스타일과 편안한 캐주얼로 젊은 여성들 사이에 자연스러운 건강미를 유행시켰다.

70년대 후반에는 펑크패션이 유행하였다. 펑크패션은 기존의 아름다움과 행위를 거부하는 반항적인 젊은 층에 나타나기 시작한 패션이다. 펑크 족들은 펑크의 이미지를 나타내기 위해 파격적인 메이크업을 하고 머리를 여러 가지 색으로 염색하거나 머리끝을 뾰족하게 고정시켰다. 그리고 안전핀과 면도칼 등 패션 장신구를 지니고 다녔다. 이시대 대표적인 펑크 디자이너는 비비안 웨스트우드(Vivienne Westwood), 잔드라로즈(Zandra Rhodes)를 들 수 있다.

자연스러운 헤어스타일

(2) 메이크업

60년대 과장되게 표현되었던 아이라이너와 눈화장은 70년대 들면서 다소 자연스럽게 변화되었다. 눈썹은 정리를 하되 역시 자연스러움을 잃지 않도록 했고 아이라인을 강조하는 눈화장을 했다. 볼 터치는 자연스러워졌으며, 입술은 다양한 색상이 유행했다. 반면 70년대 펑크족들의 화장은 피부 표현이 아주 밝고 창백하여 검정과 흰색의 대비가 잘 이루어지도록 했으며, 눈언저리를 멍든 모습으로 그리거나 검은 모양으로 선을 여러 개 긋고 눈꼬리는 날카로운 방추형의 드라큘라형 화장을 하였다. 또한 얼굴에 검은색으로 점이나 문양을 그려 넣거나 입술을 검정 색으로 칠하기도 하였다. 얼굴에 기하학적인 선과 공격적인 뾰족한 선으로 표현하여 퇴폐적이며 기학적인 면을 표출하였다. 이들의 화장은 예쁘게 보이고자 하는 미의식을 표현한 것이 아니라 기존 사회질서에 대한 강한 부정과 저항의 의미를 화장으로서 표현하고자 했다.

9) 1980년대

1980년대는 경제적 부흥을 이룬 시대로서 국내에는 컬러 TV가 등장하여 컬러 혁명이라 일컬어질 만큼 컬러의 다양화가 가속화되었고, 이는 패션과 메이크업에 많은 영향을 미치는 계기가 되었다.

80년대 후반 경제적 풍요를 바탕으로 인간의 삶에 대한 관심이 고조되어 다양한 스포츠와 레저 활동을 즐기고 자유로움과 여유를 누리는 여피(Yuppies)족이 등장하였다. 여피족의 영향으로 80년대 패션은 개성화, 다양화, 고급화 추세를 따르게 되었고, 옷에 대한 일반적인 고정관념에서 벗어난 현대감각의 비대칭적이고 기하학적인 의상이 크게 유행하였다.

1980년대 세계 패션가의 화제로 등장한 다이애나 룩은 독특한 개성으로 유행을 이끌어 가는 패션 리더로서 큰 영향을 끼쳤다.

브룩실즈

(1) 메이크업

80년대를 대표하는 여배우인 브룩 실즈(Brooke Shields)는 강한 눈썹화장과 뚜렷한 이목구비를 강조하는 메이크업로 유명하다. 다양한 색상의 사용과 황금색, 노랑 색, 펄이 많이 들어간 제품을 눈두덩이에 발라 화려함을 연출하였다. 볼 터치도 펄이 들어 있는 제품을 사용했고 립스틱도 주홍, 빨강 등 진한 색이 유행했다.

80년대 중반부터는 복고풍의 영향으로 성숙한 여성의 이미지가 모든 여성들에게 어필하였고 이와 함께 섹시하면서도 진한 화장이 유행하였다.

특히 미국의 팝 가수 마돈나의 영향으로 에로틱한 란제리 룩과 육감적인 화장이 일반 여성들에게 많은 영향을 주었다.

80년대 중후반과 90년대 초까지 자연환경 문제가 대두되면서 강한 색조보다는 부드럽고 자연스러운 내추럴풍이 강세를 보였다. 화장을 자신의 건강함을 보여주는 수단으로서 컬러에 대한 관심보다는 피부에 더욱 관심을 쏟기 시작했다. 따라서 프랑스 여배우 라붐(La boum)의 주인공인 소피 마르소와 같은 깨끗하고 자연스러운 메이크업이 또 하나의 유행으로 자리잡았다. 더욱이 자연과 환경을 강조하는 에콜로지풍의 영향으로 살색, 복숭아색, 연갈색, 연핑크와 같은 부드러운 색상을 사용하였다. 내추럴, 에콜로지풍의 피부 특징은 피부를 맑고 투명하게 표현하기 위하여 파우더만 발라 피부에 최대한 자연스러움을 강조하였다. 립스틱도 베이지 색, 누드 계열 등 거의 희미하거나 자연스러운 색상을 선호하였다.

마돈나

10) 1990년대

인터넷의 보급과 컴퓨터의 발달로 인해 전 세계의 문하권이 하나로 연결되었으며 생활 패턴이 빠르게 움직이게 되는 요인이 되었다. 패션과 유행 역시 빠르게 변화되고 있으며 그만큼 유행의 주기가 짧아지고 있다. 개인의 독창성이나 개성이 중요시되어 각자의 개성 표현에 중점을 두기 시작하였고 이에 따라 메이크업과 헤어스타일이 다양하게 표현되어졌다.

90년대의 최고 관심사인 환경문제가 중요시되면서 '자연으로 돌아가자' 라는 의미의 에꼴로지풍이 유행하게 되어 메이크업에도 많은 영향을 끼쳤다.

90년대 말에는 새천년을 맞이하는 희망과 세기말에 대한 불안이 겹치면서 다양한 문화에 대한 공존의식이 만연하게 되었다. 이는 과거와 다양한 문화에 대한 관심으로 이어져 복고풍이라는 유행을 낳기도 했다.

에꼴로지풍의 메이크업

(1) 메이크업

1990년대는 세기말을 향한 불안감이 과거에 대한 향수와 결합되어 복고 지향 패션으로 표현되어 모즈 룩, 히피 룩 등이 유행하였다. 또한 환경 파괴에 대한 인식이 높아지면서 자연으로 돌아가려는 에콜로지 룩(ecology look), 에스닉(ethnic look), 그런지 룩(grunge look), 네오히피(neo-hippie) 룩 등 전반적으로 자유주의를 주장하는 옷들이 많이 등장하여 패션 테마의 주류를 이루었다.

스모키 메이크업

90년대 말 무렵에는 미래에 대한 동경과 두려움이 메이크업에도 반영되어 펄과 반짝이를 이용한 사이버 분위기의 메이크업이 인기를 얻었고, 세기말의 불안감을 표현한 퇴폐적인 느낌의 스모키 메이크업이 유행하였다. 검게 강조한 눈화장을 특징으로 한 스모키 메이크업은 나아가서 실험적인 성향의 아방가르드한 메이크업으로 이어졌다.

사이버 메이크업

11) 2000년대

21세기는 사회적 환경변화와 문화수준의 향상으로 사람들은 풍요로운 삶을 원하게 되었지만, IMF 외환위기로 인한 경기침체, 시장 개방화, 소비자 계층의 욕구 변화로 인하여 새로운 전환기를 맞고 있다.

21세기 패션은 다양한 스타일들이 빠르게 순환되고 있으며 과거 양식이 재현되는 복고풍 경향을 보이고 있다. 복고풍 경향은 포스트모더니즘이라는 문화사조에 많은 영향을 받았으며 문학, 예술, 철학, 학문 전반에 걸쳐서 큰 영향력을 발휘했다. 포스트모더니즘의 가장 큰 특징은 특정한 정형이 없다는 것이다. 20세기 초반을 지배하던 모더니즘에 대한 반발로 인하여 자연주의, 민족주의가 대두되면서 기존의 획일적인 문화에서

부터 벗어나 문화의 다양성을 강조하고 있다. 포스트모더니즘은 과거의 다양한 생활양식에 대한 향수를 창조함으로서 전통이나 역사에 대한 복귀를 주장한다.

디자이너들은 이제 더 이상 새로운 창작물을 디자인하기보다는 과거의 요소들에서 모티브를 얻고 있다. 다양한 욕구를 지니며 감성표현이 자유로운 현대인들에게 있어서 현재의 스타일은 과거로 점철되는 순간부터 레트로 (Retro)의 소재가 되는 것이다. 따라서 2000년대의 두드러진 패션 경향은 트랜드(Trend)를 만들어 내기보다는 과거의 것을 재발견하고 재인식하여 활용하는 것이다.

현대 패션에서 전통성과 미래가 공존하여 복합적 스타일로 재창조되는 것처럼 2000년대 메이크업 경향 역시 다양성을 추구함과 동시에 지나간 것에 대한 향수를 표현하는 레트로 메이크업에 대해 많은 관심을 기울이고 있다.

7-3. 패션 이미지 메이크업 (Fashion Image Make-up)

패션이 중심이 되는 메이크업으로 사실상 모든 메이크업이 여기에 포함된다고 해도 과언은 아니다. 패션과 메이크업은 따로 떼어내어서는 생각할 수 없으며 현대 사회는 헤어, 의상, 메이크업, 액세서리 등의 조화를 이루는 토탈 코디네이션의 중요성이 커져가고 있다.

패션(Fashion)이란 유행을 의미하며 패션 메이크업은 의상이 가지고 있는 색상이나 계절적인 감각, 이미지를 고려한 가장 대중적인 메이크업을 뜻한다. 일반적으로 무채색의 의상에는 무거움을 보완할 수 있는 밝은 피부 톤과 선명한 립 칼라를 선택하여 메이크업하는 것이 좋으며, 화려한 의상에는 너무 튀지 않는 부드러운 컬러를 사용하는 것이 좋다.

1) 내추럴 이미지 (Natural)

(1) 패션

내추럴이란 '자연의, 천연의, 가공하지 않는, 보통의' 란 뜻을 의미한다.

인간 본래 체형을 거슬리지 않고 변형이나 과장을 피한 실루엣으로 소재 또한 가공되지 않는 천연소재를 사용하여 자연미를 강조하는 패션이다. 소박하고 손으로 만든 듯한 수공예적인 이미지를 가지고 있으며 훼밀리 감각에 잘 어울린다.

(2) 배색

베이지, 아이보리, 그린이 주조 색이며 부드러운 유사 톤의 배색이 잘 어울린다.

(3) 메이크업

내추럴 메이크업에서 가장 중요한 것은 밝고 투명한 피부 표현이다. 메이크업은 한 듯 안한 듯 자연스러운 아름다움을 살리는 것이 좋으며 색감은 최대한 느껴지지 않도록 소량을 사용한다.

피부 톤은 모델의 피부 톤과 유사한 파운데이션을 사용하여 깨끗하게 처리하며 눈썹은 본래의 형태를 변형시키지 않고 머리색과 비슷하도록 케익 섀도로 자연스럽게 그려준다. 눈화장은 베이지, 브라운, 오렌지, 핑크 등으로 아이홀까지 부드럽게 그라데이션 한다. 아이라인은 펜슬이나 섀도로 자연스럽게 그려주고 마스카라는 갈색이나 검정으로 뭉치지 않도록 섬세하게 바른다. 립스틱은 모델의 입술 색과 유사한 컬러를 바르고 입술 중앙에 립 그로스를 덧발라 생기 있도록 표현한다.

2) 엘레강스 이미지 (Elegance)

(1) 패션

엘레강스는 '우아하다', '고상한 맵시' 라는 뜻을 의미한다. 엘라강스의 이미지는 여성스런 우아함과 고상한 품위의 아름다움을 지향한다.

의상은 여성적인 곡선을 강조하는 절제된 디자인으로 인체의 곡선을 살린 실루엣이나 허리선을 잘룩하게 강조하는 디자인이 대표적이다.

소재는 레이스, 프릴, 리본 등의 표면이 매끄럽고 광택이 있는 것이나 부드러운 것이 이용된다.

(2) 배색 이미지

우아하고 고상한 이미지의 배색이 중시되므로 부드러운 회색 빛을 띤 색상으로 연출하면 효과적이다. 대비감이 약한 색상의 은은한 그라데이션 배색이 잘 어울린다.

페일(p)보다 약간 진한 라이트 그레이스 톤(Lgr), 그레이스(Gr) 톤 컬러가 엘레강스 이미지를 대표하는 컬러이다.

(3) 메이크업

와인과 퍼플이 어우러진 페미니한 컬러 배합으로 여성스러움이 돋보이는 메이크업을 표현한다. 옅은 핑크빛의 화사한 피부표현, 핑크, 레드 바이올렛, 블루 바이올렛, 브라운 등의 아이섀도를 부드럽게 그라데이션 한다. 눈썹은 아이섀도 색상에 맞는 바이올렛 계열의 색상으로 그려주면 색다른 이미지를 연출할 수 있다. 아이라인은 다크 바이올렛으로 신비감을 더해 주고 블랙 마스카라로 깊이 감을 준다. 와인 컬러의 립스틱을 발라주고 블러셔는 핑크색으로 자연스럽게 표현한다. T-Zone 부위는 옅은 핑크 톤으로 하이라이트를 주면 화사하면서 우아함을 더해 준다.

3) 로맨틱 이미지 (Romantic)

(1) 패션

로맨틱이란 '공상적', '소녀 같다'의 의미로서 사랑스럽고 달콤하며 공상적인 이미지이다. 성숙한 아름다움보다는 미성숙한 이미지를 일컫는 말이며 동심의 세계를 동경하거나 환상적인 파티처럼 화려한 기분에 젖고 싶은 느낌을 대변하기도 한다.

꽃무늬나 잔잔한 프릴과 레이스 등이 소재로 많이 사용된다.

(2) 배색 이미지

하양색이 많이 섞인 색은 연하고 부드럽게 보이는 특징이 있으며 마음의 긴장을 풀고 꿈의 세계로 이끄는 평화로운 이미지이다.

로맨틱 컬러는 하양색이 많이 섞인 파스텔 톤의 색상이 대표적이다. 핑크를 주조 색으로 하고 옐로우, 퍼플, 블루, 흰색 등의 연한(페일) 톤과 배색하면 효과적이다.

(3) 메이크업

사랑스럽고 낭만적인 인상을 주는 핑크 계열의 톤으로 메이크업을 할 때에는 밝고 화사한 피부 표현이 중요하다. 펄이 가미된 연한 핑크, 블루, 퍼플 등의 아이섀도와 감미로운 핑크색을 선택하여 입술화장을 한다.

블러셔는 산호색, 핑크색으로 평소보다 다소 진하게 표현하면 사랑스러운 느낌을 더해 준다.

4) 댄디 이미지(Dandy)

(1) 패션

댄디는 '멋쟁이 신사' 라는 뜻을 의미한다. 멋있는, 날씬한, 세련된 등의 칭찬이 포함되어 있는 이미지이며 남성 취향의 여성 패션을 의미한다. 댄디는 신사복 스타일을 그대로 여성화한다는 의미에서 품위와 안정감을 중시하면서도 그다지 화려함이나 아름다움에 치우치지 않고 항상 세련된 간결미를 기본으로 한다. 완벽에 가까운 아름다움을 추구하는 사람들의 패션으로 최고급의 옷감과 값진 액세서리를 선호하며, 드레스 셔츠에 넥타이와 동일한 옷감의 슈트, 베스트, 코트를 사용하여 통일감을 주는 패션이 주를 이룬다.

무늬로는 신사복에서 많이 볼 수 있는 체크무늬, 가는 줄무늬가 사용된다.

(2) 배색 이미지

컬러는 검정이나 짙은 회색, 짙은 파랑 계통이 주류를 이루며 하양, 빨강, 에메랄드색으로 강조한다. 지나친 형식을 탈피하고 무엇인가 평범하지 않은 강한 액센트를 살려주는 것이 효과적이며 검정, 다크 그레이(Dark Gray) 톤의 갈색계와 청회색의 배색이 무난하다.

(3) 메이크업

도발적인 느낌으로 눈매를 강조한 메이크업이 대표적이며, 펜슬을 이용하여 아이 라인을 강하게 연출함으로써 중성적인 이미지를 표현한다. 아이섀도는 펄 감이 있는 회색의 아이섀도와 라이트한 펄 그레이를 믹스하여 그라데이션 시켜주고, 아이홀 부분은 약간 짙은 펄 그레이로 깊이 감을 준다. 입술에는 브론즈 컬러와 골드를 믹스하여 발라주면 댄디한 이미지의 메이크업이 완성된다. 얼굴 전체에 골드 입자가 들어간 펄 파우더로 마무리한다.

5) 모던 이미지(Mordern)

(1) 패션

모던은 '현대', '근대적' 이라는 의미를 가지고 있으며, 보편적 가치보다는 전위성이 강한 실험주의 성향을 기본 바탕으로 개성적이며 선진 감각의 이미지를 추구하는 하이테크적 감각을 뜻한다. 모던 이미지를 부각시키기 위해서는 환상적이며 미래 지향적인 감각을 느끼게 하는 디자인과 이질적 이미지와의 과감한 조화를 시도하는 독특한 디자인이 선호된다. 무늬가 없는 단색 중심으로 전개하는 것이 보통이나 무늬가 있는 경우에는 바탕과 무늬의 색상 대비가 강하게 표출된 스타일이 좋다.

60년대에 유행했던 플라스틱으로 만든 마이크로 미니스커트와 헬멧, 번쩍거리는 팬티스타킹과 종아리까지 올라오는 흰색 부츠 등을 예로 들 수 있다.

(2) 배색 이미지

대담한 색상대비와 명암대비를 주어야 효과적이다. 모던은 두 가지 색 정도가 배색될 때 훨씬 모던해 보이며 난색계의 색상을 첨가하면 캐주얼한 분위기와 강한 액센트 효과를 동시에 연출할 수 있다. 그러나 이러한 경우에는 액센트 컬러가 차지하는 면적을 조절하여 전체적인 분위기가 흐트러지지 않도록 한다.

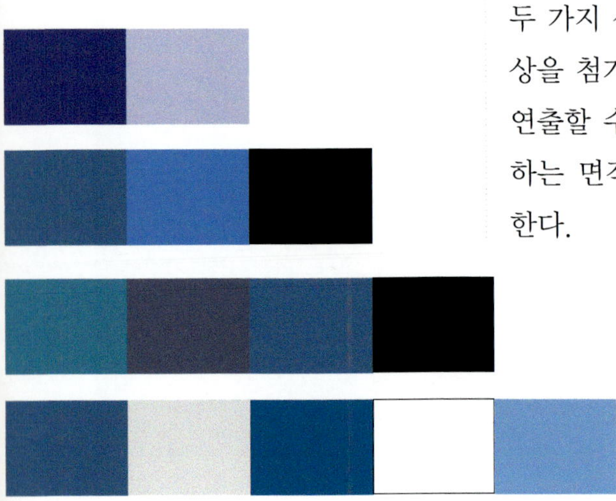

(3) 메이크업

메이크업에 있어서는 실버와 화이트, 그레이 등의 펄 감이 가득한 색조를 사용한 아방가르드적 성향의 메이크업이 모던의 이미지를 대표한다. 메탈릭한 질감의 피부 표현과 실버, 메탈릭 블루, 검정을 그라데이션한 아이 메이크업이 눈매의 신비로운 느낌을 더해 준다. 눈썹은 정형적인 틀을 벗어난 형태로 기하학적인 느낌의 형태로 그려주고, 입술은 눈화장의 컨셉과 조화가 되는 색상으로 시머(shimmer), 글로시(glossy), 크리미의 등의 다양한 질감표현을 응용하여 미래를 상징하는 모던 이미지를 표현한다.

6) 액티브 이미지 (Active)

(1) 패션

액티브란 '활동적인', '활기 있는' 이란 뜻을 의미한다 .

액티브 룩은 운동감을 원천으로 하여 기능성을 중시하는 단순한 디자인에서부터 건강과 레저를 위한 밝고 선명한 색상의 캐주얼 디자인에 이르기까지 활동적인 사람들이 편안하게 입고 즐기는 스포츠 패션으로 자리를 잡아가고 있다. 스포츠의 종류에 따라 소재, 색채, 디테일, 실루엣 등이 다양하게 표현되어진다. 스키복, 승마복, 조깅복, 골프복 등의 스포츠 웨어 감각을 평상복에 도입시킨 스포츠 캐주얼과 가장 대중적인 T셔츠, 패션 진, 다운 파카 등이 대표적이다.

(2) 배색 이미지

색상은 주로 빨강, 노랑, 녹색, 파랑 등 순색이 주조 색을 이루며 밝고 선명한 색상의 콘트라스트가 강한 배색이나 보색대비의 배색이 잘 어울린다

(3) 메이크업

액티브는 밝고 쾌활한 이미지이다. 내추럴하면서 광택 있는 건강한 피부 표현에 아이 메이크업이나 립 중에서 원 포인트 컬러 중심의 메이크업을 한다. 의상이 강한 유채색이면 상의 색 중 하나의 색을 선택하여 아이섀도를 바른 후 입술은 보색을 선택하여 활동적이고 다이내믹한 인상을 강조한다. 오렌지 빛의 블러셔로 볼 중앙에 터치하여 생기 있고 건강한 느낌으로 표현한다.

7) 클래식 이미지 (Classic)

(1) 패션

클래식은 본래 '고전적', '전통적'이라는 의미를 지니고 있다. 패션 중에서 상당히 오랜 기간 존재하는 스타일인데, 시대를 초월하는 가치와 보편성을 지닌 전통적인 스타일을 클래식이라 부른다. 색채나 소재에 약간의 변화를 주는, 유행에 관계없이 오랫동안 지속적으로 입혀지는 특정한 의상으로서 테일러 슈트, 샤넬 슈트, 가디건, 진 바지 등이 대표적이다. 소재는 광택 있는 벨벳이나 따뜻한 느낌의 트위드(Tweed), 고급 울(Wool), 실크 등이 사용된다.

(2) 배색 이미지

클래식 컬러는 깊이감이 있고 무게감을 지닌 색채이다. 브라운계열, 와인계열 , 타코그린 등의 중후한 컬러가 어울리며 이러한 컬러의 분포는 Dk톤과 Dp톤에 주로 분포되어 있다. 색상간의 대비감이 강하지 않는 배색이 어울린다.

(3) 메이크업

깨끗하고 안정된 밝은 피부 표현과 골드브라운, 와인, 카키 등의 아이섀도로 눈매를 그윽하게 강조하고, 블랙 아이라인으로 깔끔하게 마무리한다. 입술은 붉은 와인, 산호빛 브라운, 브라운 계열의 매트한 립스틱을 사용하면 지적인 이미지를 연출할 수 있다. 블러셔는 핑크 브라운으로 혈색을 부여하고 얼굴의 윤곽에 따라 그라데이션하여 자연스런 음영을 연출한다.

차분하고 세련된 이미지

고전적인 이미지

람들을 만족시키기에는 한계가 있다. 너무 어둡거나 개성 있는 색상은 피하는 것이 좋으며, 무엇보다도 신부의 청초함과 화사함을 연출할 수 있는 핑크계열이나 산호색 등의 컬러를 선택하는 것이 좋다.

2) 신부 이미지에 따른 색상 선택

신부이미지	색상
청순하고 사랑스러운 이미지	· 핑크계열 Base M/u: 핑크톤 Eye M/u: 화이트, 핑크색, 브라운 Lip M/u: 연한 핑크, 진한 핑크 Cheek M/u: 핑크
우아하고 부드러운 이미지	· 살구계열, 산호색계열, 오렌지계열 Base M/u : 살구 톤 Eye M/u : 베이지, 살구색, 산호색, 오렌지색 Lip M/u : 연브라운, 살구색, 산호색, 오렌지색 Cheek M/u : 연브라운, 살구색, 산호색, 오렌지색
차분하고 세련된 이미지	· 브라운계열, 와인계열 Base M/u : 베이지톤 Eye M/u : 밝은 베이지, 브라운, 와인색 Lip M/u : 브라운, 와인색 Cheek M/u : 연 브라운
고전적인 이미지	· 레드계열 Base M/u: 핑크 톤, 베이지 톤 Eye M/u: 진줏빛 펄, 연한 브라운 Lip M/u: 선명한 레드, 와인 Cheek M/u: 연한 브라운

(1) Wedding Make-up Design (Pink Tone)

1 Base Make-up

파운데이션은 신부의 피부 톤에 맞추되 핑크계열의 파운데이션을 사용하여 꼼꼼하게 펴 발라준다. 하이라이트와 세이딩 처리를 통해 얼굴의 결점과 입체감을 강조한다. 눈밑의 다크서클이나 기미, 점 등의 잡티를 컨실러를 사용하여 세심하게 커버해 준 후 핑크 파우더로 마무리한다. 파우더를 사용하기 전에 크림 타입의 볼화장을 해주면 오랜 시간 동안 화장의 지속력을 높일 수 있다.

2 Eye Make-up:

① Eye Shadow : 연한 핑크색을 눈두덩 전체에 펴 발라준다. 진한 핑크색과 브라운색을 섞어서 포인트를 준다. 눈 앞머리와 눈꼬리 부분에 포인트를 주면 입체감 있는 눈매를 연출할 수 있다. 눈 중앙에 흰색이나 펄이 가미된 밝은 색상으로 하이라이트를 준다.

② Liner : 펜슬 타입으로 가늘고 섬세하게 그려준다. 속눈썹을 붙인 후에 다시 한번 꼼꼼하게 마무리한다.

③ Mascara : 인조속눈썹을 붙이거나 심어서 풍성한 눈매를 표현한다. 마스카라를 덧발라서 인조속눈썹과 모델의 속눈썹을 연결하여 준다.

④ Brow : 모델의 이미지에 맞춰서 곡선형으로 그린다. 섀도 타입과 펜슬 타입을 믹스하여 부드러우면서도 선명한 눈썹을 그려준다.

3 Lip Make-up

립 라이너로 입술 윤곽을 꼼꼼하게 그려준 후 핑크계열의 색상을 발라준다. 쉽게 지워지지 않도록 티슈로 눌러준 후 입술 안쪽에 한번 더 발라준다. 립 그로스를 덧발라서 촉촉한 입술로 표현한다.

4 Blusher

신부메이크업에서 가장 강조되는 부분이 볼화장이다. 블러셔를 하기 전에 브라운색으로 얼굴 윤곽을 세이딩 처리해 준다. 핑크색으로 볼뼈를 감싸듯이 포인트를 준 다음 연한 핑크색으로 그라데이션해 준다.

Wedding Make-up Design (Pink Tone)

7-4-2. 신랑 메이크업

결혼식 당일에는 신랑에게도 메이크업이 필요하다. 특별한 경우를 제외하곤 대부분의 남성들은 처음으로 화장하는 경우가 대부분이므로 무엇보다도 자연스러워야 한다.

남성의 경우 너무 메이크업을 과도하게 했을 경우 오히려 역효과를 줄 수 있다. 피부 표현은 모델의 피부색과 유사한 색을 선택하되 신부와의 조화를 생각하여 한 톤 정도 밝게 처리하는 것이 좋다. 또한 파운데이션은 소량을 사용하여 너무 두꺼운 느낌이 들지 않도록 하여야 한다. 아이섀도나 립 화장은 색감이 느껴지지 않도록 최대한 자제하고 윤곽을 수정, 보완하는 정도로 메이크업한다.

신랑 화장의 가장 중요한 점은 청결함과 단정한 인상을 연출하는 것이다. 어색함을 느끼지 않도록 자연스럽게 메이크업한다.

(2) 광고사진의 경우

광고상품의 컨셉과 대상 소비자층에 대해 충분히 파악한 후 메이크업 컨셉을 결정해야 한다. 모델의 이미지, 계절감, 연령, 성별, 매체의 종류 역시 고려해야 할 부분이다. 소비자층이 20대의 젊은 여성인지 30대의 주부인지에 따라 메이크업의 성격이 달라진다.

사진 메이크업은 입체적인 피사체를 사진이라는 매체를 통하여 평면 위로 전달하는 작업이다. 그 과정에서 실물보다 더 평면적으로 보이거나 조명이나 배경에 의해 느낌과 색상이 다르게 표현될 수 있다. 그러므로 메이크업이 들어가기 전에 사진작가와 스텝들과의 충분한 논의를 하여야 하며 본 촬영에 들어가기 전에 폴로라이드 카메라로 먼저 테스트하여 실수가 없도록 해야한다.

1) 흑백사진 메이크업

흑백사진은 화려한 색감보다는 명암과 윤곽의 표현에 중점을 두어야 한다. 따라서 명암을 잘 표현할 수 있는 흰색, 회색, 검정 색이 주로 많이 사용된다.

흑백필름은 모든 색상이 순수한 백색을 시작으로 밝은 회색, 중간 회색, 어두운 회색, 검정까지 미묘한 회색빛으로 전환시킨다. 따라서 흑백사진에서 컬러의 의미는 존재하지 않으며 단지 명도에 따라 메이크업이 표현되어지므로 사용하려는 색상이 흑백사진에서 어느 정도로 변화되는지를 가장 먼저 고려해야 한다. 특히 핑크와 보라색은 본래의 색과 거리가 먼 칙칙한 색으로 표현되는 경우가 많아서 립스틱이나 아이섀도 색상으로 사용하는 것은 바람직하지 않다. 또한 붉은색은 흑백필름에서 더욱 더 검게 보이는 특징을 가지고 있다. 펄이나 반짝이는 제품의 사용은 자칫 얼룩져 보일 염려가 있으므로 주의하여 사용한다.

	밝은 톤	중간 톤	어두운 톤
노랑계열	노랑	오렌지, 그린	어두운 녹색
브라운계열	베이지	중간 브라운	어두운 브라운, 와인색
무채색계열	흰색	회색	검정색

흑백사진에 많이 사용되는 색상

2) 컬러사진 메이크업

컬러사진은 색상뿐만 아니라 명도나 채도까지 고려해서 메이크업해야 한다.

눈에 안 띄었던 선이나 결점도 컬러필름에는 정확히 포착되므로 쉽게 지나쳤던 부분들의 세심한 주의가 필요하다. 또한 조명에 의한 색상이나 명암의 변화를 염두에 두어야 한다. 물감이 섞였을 때와 빛이 섞였을 때 서로 색상이 다르게 표현되기 때문이다. 예를 들어 청색에 청색 시료를 섞으면 진한 청색이 되지만 빛과 혼합하면 청색이 밝아 보여 원하는 효과를 떨어뜨리는 결과를 줄 수 있다. 이러한 점을 감안하여 조명 스텝과의 충분한 협의를 거쳐서 색상을 선정하여야 하며, 무엇보다도 촬영장소와 배경 등을 살펴보는 자세가 필요하다.

흑백사진에 비해 선이나 음영을 강조하기보다는 컬러의 섬세한 변화를 느낄 수 있도록 자연스럽게 메이크업하는 것이 좋다.

조명/색	빨강	주황	노랑	초록	파랑
빨강	붉은계열	밝은적주황	어두운 주황	어두운 색	어두운 적색계열
주황	밝은 주황계열	밝은 주황	밝은 노랑	갈색계열	갈색계열
노랑	황색계열	노랑계열	밝은 녹색계열	밝은 녹색	녹색계열
초록	어두운 녹색계열	갈색계열	밝은 노랑계열	밝은 녹색계열	어두운 녹색계열
파랑	어두운 적색계열	갈색계열	녹색계열	어두운 녹색계열	어두운 청색계열
보라	보라계열	어두운 주황	밝은 주황	어두운 색	청색계열

색과 조명과의 관계

7-5-2. 영상매체를 위한 메이크업/TV Make-up

영상매체을 위한 메이크업은 드라마 연기자들을 위한 캐릭터 메이크업(Character Make up)과 오락 프로그램이나 뉴스 등 방송프로그램 출연자들을 위한 스트레이트 메이크업(Straight Make up)으로 나뉜다.

캐릭터 메이크업은 아름다움을 추구하기보다는 작품 속에 설정된 극중인물의 성격을 잘 나타내 줄 수 있는 전문적인 테크닉이 필요하며 사극이나 시대물의 경우에는 특수분장이 요구되기도 한다.

스트레이트 메이크업은 주로 아나운서, 리포터, MC 등 방송프로그램에 출연하는 진행자들을 위한 메이크업을 뜻한다. 아나운서와 같이 프로그램을 진행하는 사람들은 소식을 전달하는 역할이 많으므로 시청자들의 거부감이 생기지 않도록 너무 자극적인 메이크업은 피하는 것이 좋다. 프로그램 장르의 성격과 방송 시간대, 주 시청자층을 파악해야 하며 출연자의 연령, 이미지 등을 고려해야 한다. TV 화면에 재현되는 피부색은 실물의 피부색을 부자연스럽게 보이게 하거나 왜곡시키기도 한다. 조명이나 빛의 반사에 의해 실물보다 더 평면적이고 크게 보이기 때문에 입체감 있는 피부 표현이 중요하다. 의상과 헤어스타일의 조화 역시 빼놓을 수 없는 중요한 요소이다. 개성을 강조하기보다는 단정하고 지적인 분위기의 메이크업이 무난하다.

현재의 TV는 고품질, 고화질의 디지털 TV 시대의 개막을 예고하고 있다. 선명한 화질로 인해 출연자의 작은 결점까지도 생생하게 시청자에게 전달된다. 기존의 진하고 부자연스러운 메이크업에서 벗어나 좀 더 세심하고 자연스러운 화장기법이 필요한 시점이다. 이를 위해서 매체에 대한 정보와 이해가 필요하며 전문인으로서의 철저한 자세를 갖추는 것이 무엇보다도 중요하다고 할 수 있다.

7-5-3. 무대 메이크업(Stage Make up)

무대 메이크업은 무대에서 이루어지는 공연을 위한 메이크업으로 오페라, 뮤지컬, 연극, 무용극, 발표회 형식을 띠는 패션쇼, 헤어 작품쇼 등이 해당된다. 이러한 공연들은 반드시 무대와 관객과의 거리가 존재하므로 무대의 크기나 장소에 따라 메이크업의 강약과 이미지가 결정된다.

연극이나 오페라와 같은 대본에 의한 공연물은 극중인물의 성격을 파악하여 표현하는 캐릭터 메이크업의 성격을 띠지만 TV 드라마와는 차이점을 가지고 있다. 극장의 규모와 관객과의 거리감이 존재하기 때문이다. 관객들은 배우들의 동작이나 감정표현 등을 멀리서도 알아볼 수 있어야 하므로 극장의 규모를 파악하여 메이크업의 강약과 테크닉을 조절하여야 한다.

패션쇼 메이크업

대극장은 관람석이 1천석 이상의 규모의 극장을 가리키며

우리나라에서는 세종문화회관, 예술의 전당, 국립극장 대극장이 여기에 속한다. 대극장보다 조금 작은 규모인 중극장은 500석에서 1,000석 내외의 관람석 규모를 가진 극장을 뜻한다. 호암아트홀, 문예회관 대극장이 해당된다. 마지막으로 소극장은 500석 이하의 극장이다.

무대에서 행해지는 공연은 연극 외에도 모델들이 등장하는 패션쇼나 헤어쇼 등이 있다. 이러한 공연의 특징은 새로운 창작물을 발표하는 경우가 대부분이므로 기존의 메이크업에 비해 창의력이 요구된다. 패션쇼의 전체적인 컨셉과 맞아야 하며 패션디자이너의 감성을 충분히 전달해야 한다.

의상에 대한 사전 지식을 통해 어울리는 컬러를 선정하고 의상과의 조화를 우선적으로 생각해야 한다. 또한 패션쇼는 여러 벌의 의상을 짧은 시간 안에 압축적으로 보여주는 것이기 때문에 스피디한 메이크업이 필요하다.

기존의 메이크업보다는 메이크업 재료나 테크닉이 자유스러운 장점이 있는 반면 항상 새로움을 추구해야만 하는 부담감도 있다. 하지만 디자이너의 자유로운 감각과 작가주의를 표출할 수 있는 매력적인 분야이기도 하다.

패션쇼 메이크업은 화려한 펄과 다양한 광택, 신선한 충격들을 다른 분야에 비해 쉽게 접할 수 있는 즐거움이 있다.

7-6. 트랜드 메이크업 (Trend Make-up)

현재 가장 유행하는 메이크업을 뜻한다. 패션뿐만 아니라 사회적인 이슈나 문화적인 현상에 의해 영향을 많이 받으며 주로 일반인들보다는 패션 카탈로그나 패션쇼 등의 광고 분야에서 많이 볼 수 있다. 유행의 주기에 의해 패션 리더들이나 전문가 그룹에 의해 발표되어 일반인들에게로 하나의 유행으로 확산되어 받아들여진다.

세기말의 불안감을 표현한 퇴폐적인 메이크업, 반짝이는 피부의 질감과 광택을 강조한 글로시 메이크업, 포스트모더니즘에 영향을 받은 에스닉 메이크업, 미래에 대한 동경을 표현한 사이버 메이크업 등 다양하다.

오리엔탈 메이크업

7-7. 아티스틱 메이크업

현대의 메이크업은 20세기 후반에 영향을 준 포스트모더니즘의 다원주의의 영향으로 다양한 스타일의 공존과 혼합을 통해 기존의 스타일을 자유롭게 받아들이고 다채롭게 융화하여 새로운 스타일로 표현하고 있다. 아름다움을 목적으로 하는 뷰티 메이크업의 영역에서 나아가 아티스트 개인의 창조성을 강조하는 아티스틱 메이크업이 대표적이라고 할 수 있다.

아티스틱의 영역은 기존의 메이크업에 비해 보다 적극적인 표현 방법으로 디자이너의 감성을 표현하는 예술의 한 코드로 자리매김하고 있다. 단순히 얼굴에만 행해지는 개념이 아닌 신체 전체로 확대되어 지는 추세이며, 의복의 대체 개념으로도 활용되어진다.

지금까지 일회성에 그치던 것에서 벗어나 대중매체와의 결합을 통하여 다양한 방식으로 표출되고 있으며, 예술적 측면뿐만 아니라 광고, 기업홍보 등 상업적인 측면으로 확대되고 있다.

(1) 사회 · 문화적 배경

① 포스트모더니즘의 다원주의의 영향

② 개성적이고 자기 중심적인 라이프 스타일의 추구

③ 표현의 무제한성(자유롭고 주관적인 미적 가치의 표현)

④ 현대예술의 흐름의 변화

다양하고 복잡한 내면 세계의 시각적 표출에 그 가치를 부여하는 방향으로 전개

7-7-1. 아티스틱 메이크업의 특징

① 표현주의, 해체주의, 팝아트 등의 현대 미술사조의 영향으로 인해 단순히 표현 대상의 묘사를 떠나 인간의 내면과 감성세계를 중시하고 형식적이지 않는 자유로운 창조 활동(반자연주의, 반사실주의)을 강조한다.

② 자신의 내면 세계 표출을 위해 기존의 형태를 변형, 왜곡, 파괴하려는 실험적인 특징이 강하다

③ T.P.O에 따른 메이크업의 개념을 탈피하여 동서양의 경계를 허물며 얼굴이라는 조형 요소를 해체하여 새롭게 재구성하고 있다.

7-7-2. 아티스틱 메이크업 디자인 분석

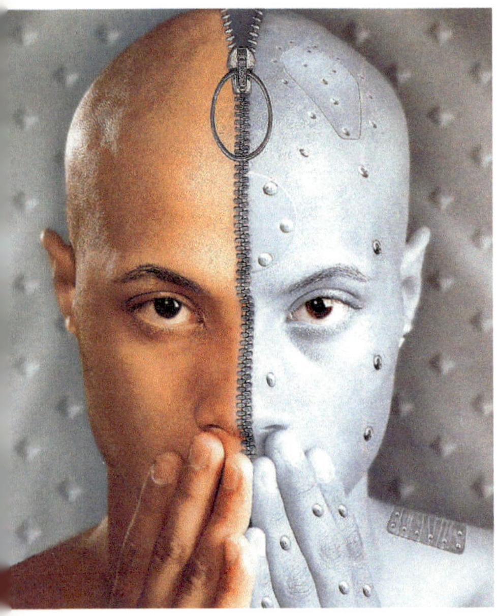

1) 조형에 따른 분석

(1) 형태

① 기존의 전형적인 스타일을 파괴하여 얼굴의 윤곽을 크게 고려하지 않거나, 강조되지 않던 부분을 강조하여 좌우대칭 구조를 파괴하는 탈 형식적인 시도를 보여준다

② 표현 공간의 확대 : 몸 전체로 확대

(2) 색채

① 일반적으로 제한적인 색채 범주를 벗어나 자유롭게 색상을 선택하여 표현한다

② 과도하게 많은 색상을 사용하거나 반대로 축소시켜 생략하는 등 새로운 시각 효과를 노린다

③ 원시적이고 강렬한 색채를 사용한다

④ 주관적인 색채를 사용한다.

③ **질감**

· 피부 본래의 질감과는 다른 재료를 사용하여 이질적인 질감을 표현

· 소재의 한계성을 탈피

· 비일상적인 패턴이나 장식을 과감히 도입한다.

2) 기법에 따른 분석

특성	분류	표현 기법
퇴폐성	데카당스 메이크업	– 이색적인 컬러 도입 – 악마스런 문양 – 자극적인 장식
	테테스테 메이크업	– 곤충이나 동물요소 이용 – 깃털, 짐승의 부리, 신체 위장
	그로테스크 메이크업	– 부조화, 부자연스러움 – 과장된 표현 – 애매모호함 – 해학적인 표현
유희성	그래픽 메이크업	– 기하학적 형태 이용 – 비인간성, 얼굴을 하나의 캔버스로 인식
	콜라주 메이크업	– 이질적인 소재 혼용 – 인조속눈썹의 변형
역사성	코올 메이크업	– 시간, 공간적 코울 해석 – 다양한 컬러의 코울 형태의 변형
	레이스리스 메이크업	– 소수민족의 문화 도입 – 흑인문화를 소재로 함 – 다양한 문화의 혼합으로 표현
	화이트 메이크업	– 일본 가부끼 분장과 로코코시대의 분장법 변형

그래픽 메이크업

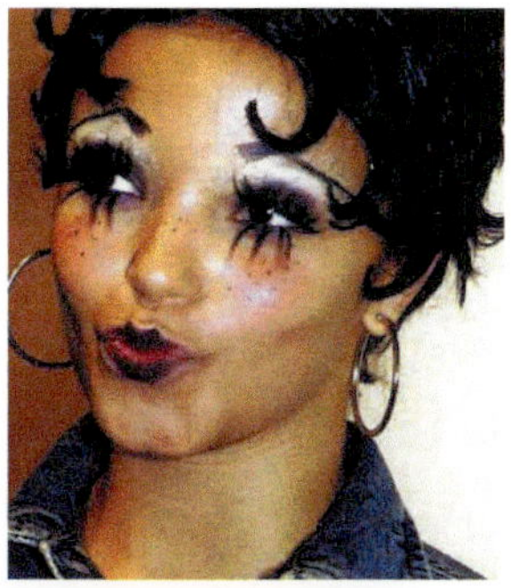

콜라주 메이크업

콜라주 메이크업

그로테스크 메이크업

화이트 메이크업

화이트 메이크업

Green Wedding Make up Yellow Pink Trend Make up Trend Make up

Make-up Design INDEX

참고문헌

1. 강근영 외 3인, 메이크업디자인, 훈민사, 2003.
2. 김광숙 외 3인, The Make-up, 예림, 2001.
3. 김남희, Base Make-up, 예림, 2003.
4. 김희숙, 화장문화사, 청구문화사, 2000.
5. 김희숙 외 1인, 메이크업과 패션, 수문사, 1996.
6. 손미정, 한국여인의 髮자취, 이환, 2004.
7. 신단주, 메이크업아티스트가 되는길, 주)삶과문화, 2002.
8. 이혜성, Make-up Desing, 현문사, 2003.
9. 이혜성 편저, Make-up Design, 현문사, 2003.
10. 전선정 외 3인, 미용미학과 미용문화사, 청구문화사, 2001.
11. 한정아, 미용색채학, 정문각, 2004.
12. Beauty & Health 연구회, 메이크업 & 스타일 100년사, 현문사, 2001.
13. Beauty & Health 연구회, 100 ANS DE BEAUTE, 현문사, 2001.
14. Elle Korea, 2004, 11월호
15. Elle Korea, 2004, 12월호
16. Vogue Korea, 2004, 10월호
17. Vogue Korea, 2004, 11월호
18. Vogue Korea, 2004, 12월호
19. 세상에서 가장 예쁜 메이크업의 비밀, 중앙M&B, 1999.
20. Decorated Skin, Thames & Hudson, 1997.

[저자 소개]

· **양진희** (가톨릭상지대학교 미용예술과 교수)
· **박춘심** (대동대학교 뷰티아트케어계열 교수)
· **이종란** (이종란뷰티아카데미 원장)
· **이미희** (동서울대학교 뷰티코디네이션과 교수)
· **김광숙** (서울호서전문학교 미용예술학부 교수)
· **주은경** (부산과학기술대학교 미용계열 교수)
· **우미옥** (창신대학교 미용예술학과 교수)

메이크업 디자인

2013년 2월 25일 1판 1쇄 인쇄
2015년 3월 10일 1판 2쇄 발행

지은이: 양진희 · 박춘심 · 이종란 · 이미희
김광숙 · 주은경 · 우미옥
펴낸이: 박 정 태
펴낸곳: **광 문 각**

413-120
파주시 파주출판문화도시 광인사길 161
광문각빌딩 4층
등 록: 1991. 5. 31 제12-484호
전화(代): 031)955-8787
팩 스: 031)955-3730
E-mail: kwangmk7@hanmail.net
홈페이지: www.kwangmoonkag.co.kr

ISBN: 978-89-7093-713-7 13590

정가: 23,000원

한국과학기술출판협회회원